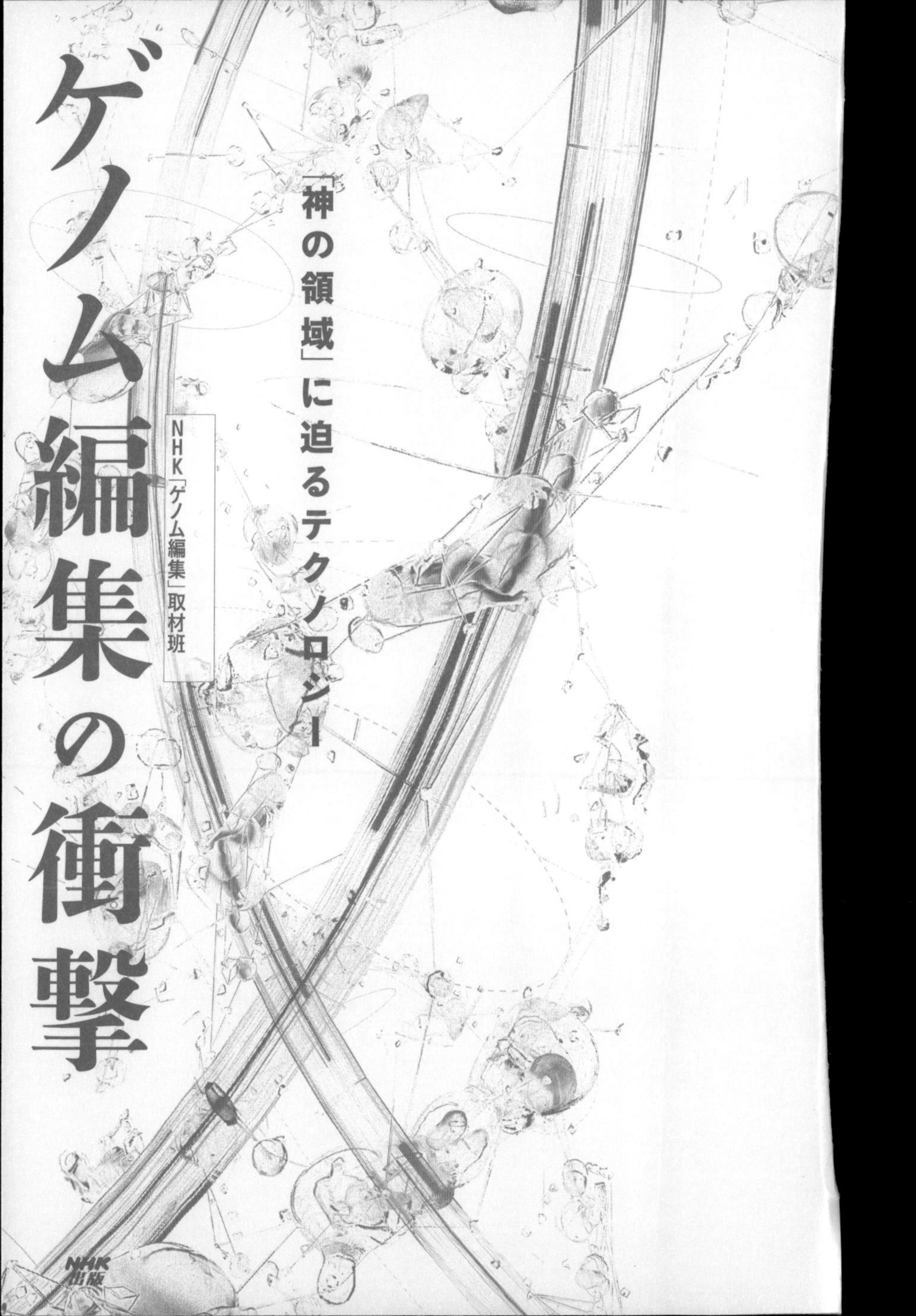

ゲノム編集の衝撃

「神の領域」に迫るテクノロジー

NHK「ゲノム編集」取材班

NHK出版

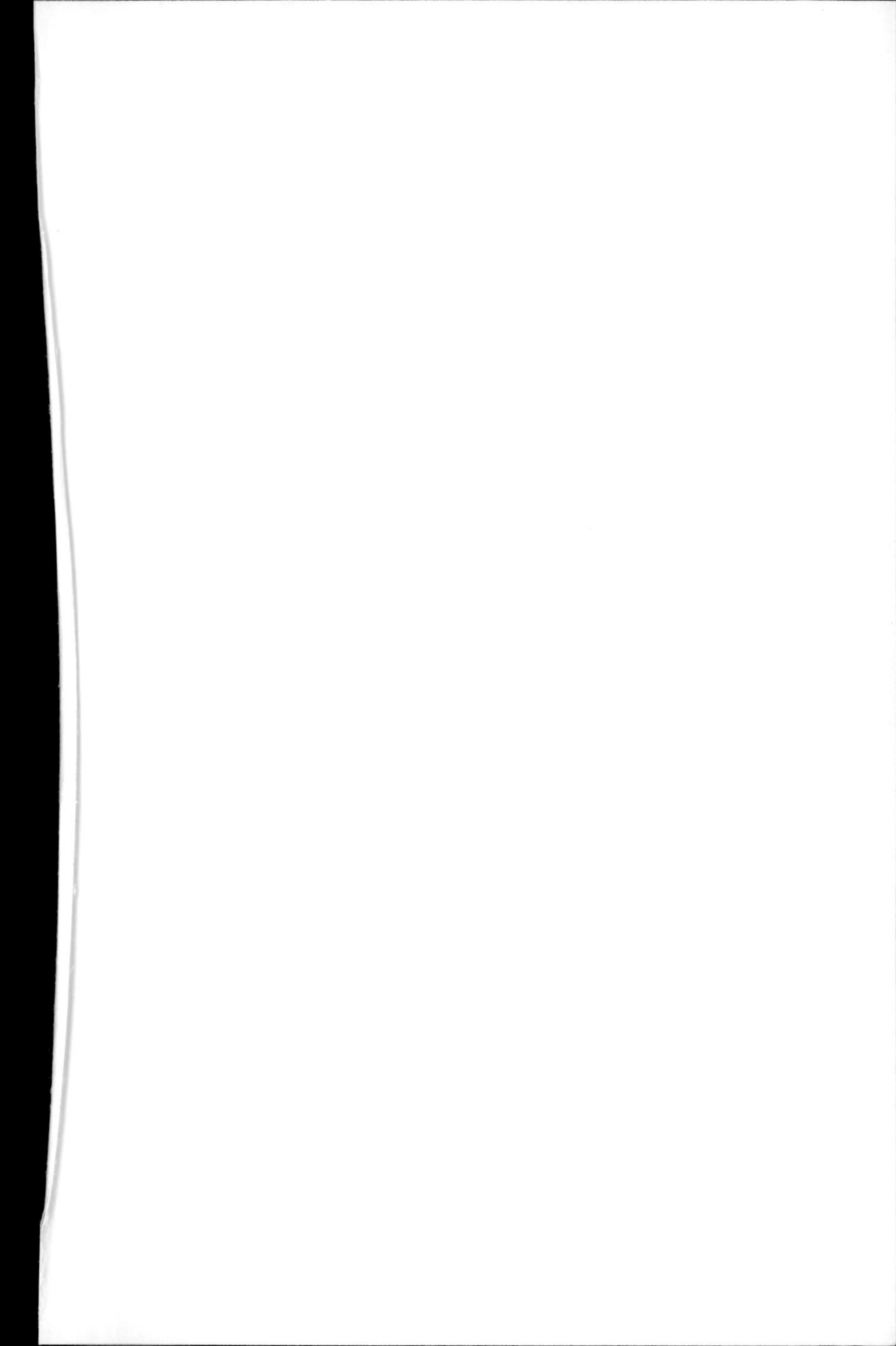

ゲノム編集の衝撃

「神の領域」に迫るテクノロジー

装丁　木庭貴信＋岩元萌（オクターヴ）
本文組版　ドルフィン
図版作成　（株）ウエイド
校正　酒井清一
編集協力　手塚貴子

序文

「ゲノム編集とiPS細胞——人類の未来のために」 山中伸弥

これまで、様々な農作物や家畜、魚の品種改良が行われてきました。その多くは、偶然に生じる遺伝子の変化をきっかけに、交配を重ね、長い年月をかけて少しずつ進めてこられました。

本書で紹介するゲノム編集は、いわば目的の遺伝子を「ねらい撃ち」して操作（改変）することができる技術で、「特定の遺伝子の働き方を変える」ことが比較的容易にできます。ある生物のある遺伝子を、私たち人類の未来にとってもっと役立つものに変えることが可能となったと言えます。それも、従来の品種改良と比べて短時間に変えることができます。数年前には、考えられなかった技術ですから、一研究者としても今も驚きの気持ちでいっぱいです。

「ねらった遺伝子だけを働かないように操作する」という技術は、今から三〇年くらい前に開発されました。私も、一九九〇年代前半に遺伝子操作技術をアメリカに学びに行ったことがあります。この技術は、一つの遺伝子を操作するのに一年以上の時間がかかるのです。同時に複数の遺伝子を編集することはできませんし、動物で対象となるのはマウス（ネズミ）のみでした。

しかし、二〇一〇年を過ぎて、遺伝子操作の技術に突如として大幅な技術革新が起こりました。ゲノム編集という、どんな種でも、マウスでも植物でも魚でも、さらに人間に対しても使え、しかも成功率が非常によい技術が誕生したのです。このゲノム編集技術を用いると、数十％の成功率で目的の遺伝子を改変できます。そして、一番大切なのは、基礎的な遺伝子工学の知識のある科学者であれば比較的容易に行えるようになったことです。

- 技術として簡単であること。
- 成功率が高いこと。
- いろいろな生物に適用できること。

上記の三点がそろった生命科学技術というのは、これまでにはほかに存在しませんでした。私が基礎研究を始めて二五年になりますが、その間に生まれた生命科学技術の中で、おそらく最も画期的な技術ではないかと考えています。

現在、日本では、ゲノム編集の技術を利用して、例えば、人間の様々な細胞を移植しても免疫拒絶が起こりにくいサルを誕生させる研究が進んでいます。これは、サルを受精卵の段階で遺伝子改変、つまりゲノム編集することで可能となりました。

これまでにも、同様の性質を持つマウスというものは存在しており、人間の細胞を移植するなどの医学研究に頻繁に使われてきました。しかし、マウスと、比較的大型のヒトにより近いほ乳類であるサルでは、同じ動物であっても、その意味合いは随分と変わります。ゲノム編集技術を用いて、人間の細胞を移植できることは、医学研究にとって画期的なことです。

医学研究の進展を促すであろうゲノム編集技術は、同時に慎重に扱う必要があることも述べておかなければなりません。

本書でも、ミオスタチンという遺伝子の機能を抑えて筋肉の量を多くしたマダイの研究が紹介されています。実は、私たち人間にも同じミオスタチンという遺伝子があります。

ほぼ同じ技術で、ミオスタチンの働きを抑えて、筋骨隆々の人間をつくり出すということも理論的には可能ですから、この新しい技術の使い方を誤ると大変なことになってしまいます。

二〇一五年初頭から、中国の研究者が人間の受精卵で実際にゲノム編集を行っているという噂が研究者の間では流れていました。研究の是非については、倫理的な問題から高いハードルがあるということもあり、あくまでも噂として捉えられていたのですが、後日、ヒト受精卵をゲノム編集したという論文が中国の科学雑誌で発表されました。

それは、体外受精の過程で出来たけれども、正常には発育できない異常な受精卵（三前核受精卵）に対してゲノム編集を行うという研究でした。ゲノム編集の効率や、目的と異なる変化が起こる割合を調べる、基礎的な研究ではありますが、初めて人間の受精卵を使ったゲノム編集の研究が報告されたのです。

人間の受精卵へのゲノム編集については、多くの研究者が、「臨床応用はするべきではない」「ゲノム編集をした人間の受精卵から新しい生命をつくるべきでない」という意見で一致しています。しかし、中国で発表された論文のような基礎研究については、意見は二分しています。

人間の受精卵を用いて、ゲノム編集技術の効率性や安全性について調べる基礎研究は行ってもいいのではないか、と言う研究者もいます。一方で、研究者だけではなく、一般の方、そしてゲノム編集で恩恵を受ける可能性がある患者さんを含めて、社会の中で成熟した議論がなされるまでは、基礎研究を含めて人間への応用に関するすべての研究をストップするべきである、という考え方もあります。

実は、医療の現場では、体細胞のゲノム編集は臨床応用の段階に来ています。例えば、ＨＩＶの感染者への治療が挙げられます。ご自身の血液細胞を取り出してゲノム編集を行い、もう一度体内に戻します。これはご自身のためだけの治療です。次の世代、子どもや孫には伝わりませんから、受精卵へのゲノム編集とはまったく異なります。このような体細胞のゲノム編集の医療応用が急速に進んでいるのです。

がん治療についても、ゲノム編集は大きな役割を果たすと見られています。人間の二万以上ある遺伝子の一つひとつの機能を、ゲノム編集を利用して調べて、どの遺伝子ががんと密接な関係にあるのかがわかってきました。今までは、様々ながんに同じ薬を使っていたのですが、今後は、それぞれの患者さんのがん、関与する遺伝子の違うがんごとに適切な薬が開発されていくことを期待しています。

私たちのｉＰＳ細胞研究所でも、複数の研究者がゲノム編集の技術を取り入れた研究を始めています。その中から遺伝子の異常で全身の筋肉の力がどんどん弱ってしまう、筋ジストロフィーという疾患の治療を目指した研究を紹介します。

まず、患者さんの体細胞からｉＰＳ細胞をつくります。ｉＰＳ細胞の中でも遺伝子の異常は維持されています。その遺伝子を、ゲノム編集を用いてｉＰＳ細胞の段階で修復することに成功しました。ｉＰＳ細胞はほぼ無限に増殖できますから、遺伝子異常を修復したｉＰＳ細胞を大量に増やすことができます。そして、そのｉＰＳ細胞から筋肉の元になる細胞をつくり出すことにも成功しました。今後、この遺伝子修復を行った、筋肉の細胞を患者さんに移植することを目指して、研究を進めています。ゲノム編集とｉＰＳ細胞を組み合わせた細胞移植療法の実現に一生懸命頑張っています。この事例も本書で詳しく紹介します。

筋肉以外でも、例えば、血液疾患の治療に可能性があると考えられています。一つの遺伝子の異常で正常な血液細胞が出来ない患者さんが大勢おられます。その患者さんからｉＰＳ細胞をつくり、異常な遺伝子をゲノム編集で修復して、そのｉＰＳ細胞から血液細胞を大量につくり患者さんに戻す、というような研究も急ピッチで進んでいるのです。

ゲノム編集は、iPS細胞に引けをとらない、大きな可能性のある技術です。

ただ、どんな科学技術でも、よい側面とよくない側面があります。諸刃の剣とでも言いましょうか。このゲノム編集というすばらしい技術のよい面だけを伸ばしたら、人類はますます幸福になることができると考えられます。しかし、よくない面を伸ばしてしまったら、後悔することにもなりかねません。

ほんの五年前までSFだと思われていた、人間の設計図を書き換えることが可能になりました。この新しい技術をどう使えばいいのか。科学者だけの議論では十分ではありません。科学者に加えて、生命倫理の研究者や一般の方々も含めた広い議論が必要だと考えています。

＊この序文は、クローズアップ現代「〝いのち〟を変える新技術～ゲノム編集 最前線～」（二〇一五年七月三〇日放送）での山中伸弥さんのコメントを再構成し、加筆したものです。

ゲノム編集の衝撃　目次

はじめに

NHKの報道番組である「クローズアップ現代」でゲノム編集を取り上げた「〝いのち〟を変える新技術～ゲノム編集 最前線～」は、二〇一五年七月三〇日に放送された。この本はそのときの取材・制作チームで執筆した。

初めてゲノム編集を取材対象として意識したのは二〇一四年に入って間もない頃だった。ゲノム編集のブレイクスルーとなった「クリスパー・キャス9」と呼ばれる技術の論文が発表されてからおよそ一年。誕生したばかりの先端技術は評価が定まっていない。本格的な取材をするかどうか決めるには、その技術が今後放送をする価値があるものになっていくか見極めなければいけない。しかし、それはとても難しいことでもある。

私はそれまで、文部科学省や農林水産省の記者クラブに所属して科学を専門に取材をしてきた。番組の制作当時は京都放送局で取材指揮をするニュースデスクとして、京都大学が公表するプレスリリースを日々、担当記者から受け取っていた。記者クラブには毎日のように、すばらしい研究成果が届く。「世界初」の発見が投げ込まれることも珍しくない。しかし、世界初だからニュースになるというわけではない。一般の人の生活に影響が出たり、話題になったりするような研究成果でなければ、社会に知らせる意味はない。

二〇一四年二月、あるプレスリリースが目に留まった。ゲノム編集という最新技術を使ってマウスの毛の色を変えることができた、とある。「発見」でも「世界初」でもない。いわば「確認」のような成果で、極めて地味なプレスリリースだった。「ニュースにはならない」と判断したが、「何か新しいことが起きている」と直感した。担当記者に、継続して取材を行い報告するように指示をした。

その直後から、ゲノム編集についての情報がいくつも寄せられるようになってきた。ゲノム編集を使った研究が分野を越えて広がっていること。ノーベル賞の受賞が噂されていること。その情報のどれもが研究者の熱気を感じさせるものだった。

さらに、植物の育種学の現場で、ゲノム編集をどのように扱うべきか議論が起き始めている動きがあることを知った。研究者たちの間にも痕跡を残さない遺伝子操作技術に対する期待と不安が入り交じっているように思えた。私は、これは数十年に一度の大発見なのだと確信するようになった。まったく新しい世界の扉が開いたのだ。研究者でもない私が、じっとしていられない興奮を覚えてただただ部屋の中を歩き回ったことを覚えている。

その一方で、これまでに経験したことがないほど、重要な問いかけが突きつけられる局面に入ったと胸騒ぎがした。人があらゆる生物の基本設計図である遺伝子を操作できるようになることで、自然との関係が決定的に変わってしまうのではないか――。ヒトの遺伝子を改変して、人類そのものを操作できる時代に入ったのか――。

ゲノム編集がメディアでどのように報じられているのか調べてみると、科学の専門雑誌や新聞の科学面などで、わずかに取り上げられているに過ぎなかった。一般の人を対象にした情報発信は皆無と言っていいほどなされておらず、世の中では、まったく認知されていなかった。

社会に大きな影響を与えることは間違いないゲノム編集が、ほとんど知られることのないまま、技術革新だけが進んでいるのかもしれない。この技術が、正しく世の中に受け入れられていくように、私たちもきちんと取材すべきだと思うようになっていた。

二〇一四年一二月に「ゲノム編集が世界を変える」と題して、まず近畿地方で二五分の番組を放送した。そのときはスタジオに、この本の巻末にインタビューを掲載した広島大学の山本(やまもと)卓(たかし)教授に出演していただいた。人類に大きな貢献をする可能性を秘めた技術であることを提示した上で、ヒトの受精卵の遺伝子を改変することができる時代に入ったと警鐘を鳴らした。なんとその五か月後、中国の大学からヒトの受精卵にゲノム編集を行ったという論文が発表され大きなニュースになった。

そして、二〇一五年七月の「クローズアップ現代」の放送から五か月。一二月に、科学雑誌「サイエンス」が、その年、科学に最も重要な発展と業績を示した研究としてゲノム編集を選んだ。今ではノーベル賞の最有力候補として多くのメディアに取り上げられ、「ゲノム編集」という言葉は知られ始めている。今後、ゲノム編集についての議論がさらに加速することは間違いない。

本書は、この驚くべき技術の概要と私たちの生活への影響を明らかにするためのレポートである。ゲノム編集のポジティブな部分とネガティブな部分を等しく扱うことで、いたずらに持ち上げたり不安をあおったりすることがないように心がけた。この技術のありのままを伝え、社会に受け入れられていく素地をつくることを目指して執筆したつもりだ。

本書の構成は以下の通り。まず、ゲノム編集とはいかなる技術なのか、わかりやすく説明するために、京都大学などの研究グループが取り組む、マダイの筋肉量を増やす研究を紹介する（第一章）。次に、遺伝子組み換えなど遺伝子工学のこれまでの技術と比較しながら、その仕組みを解説し、ゲノム編集がもたらした衝撃を概観する（第二章）。続いて、ゲノム編集という技術を広く知らしめるきっかけとなった、第三世代のクリスパー・キャス9のアメリカにおける普及の実態とその理由を、現地取材を基に明らかにしていく（第三章）。

そして、ゲノム編集の品種改良や医療への応用の可能性を検討するために、国内外の研究開発の現状を報告する（第四章、第五章）。最後に、この技術が抱える問題点や語られるべき論点を整理しつつ、ゲノム編集を取り巻く日本の現状と私たちの暮らしへの具体的なかかわりや影響についてまとめる（第六章）。

なお執筆にあたっては、これまでの番組制作において知り得た見聞に加え、個々に追加取材を行い、可能な限り最新情報を盛り込んだ。

この本の中に記したゲノム編集の可能性と未来像は、決して荒唐無稽なものではないと考えている。今の私たちには思いもつかないような利用方法が、今後、さらに提案されていくだろう。三〇年後にはゲノム編集とそこから派生した技術によって、世界のありようと私たちの価値観がいかに変わったかを振り返る日が必ず来る。未来の教科書には、ゲノム編集がすばらしい人類の発展の歴史として記されていてほしいと願う。そして、そこには、この本の中で示すいくばくかの懸念を、研究者たちが機を逸することなく責任と役割を果たして払しょくした経緯が、ともに記されていてほしいと願う。そのとき、ゲノム編集は、研究者と社会が協力して成し遂げた偉業として科学の歴史に刻まれているに違いない。

制作した番組と、この本が、その一助となればこれほどうれしいことはない。

NHK広島放送局ニュースデスク　松永道隆

第一章
生物の改変が始まった

「ゲノム編集という画期的な技術があるらしいから取材してみないか」

二〇一四年九月。夜を徹しての番組編集作業の合間、手を休めて雑談をしていたときに、ニュースデスクが発した一言だった。当時、私たちはNHK京都放送局と大阪放送局のメンバーで記者、プロデューサー、ディレクターからなる取材班をつくっていた。チームを引っ張る京都放送局のニュースデスクは科学が専門。このメンバーで最新科学の成果をレポートする番組を数多く制作してきた。京都放送局から、山中伸弥教授が所長を務める京都大学iPS細胞研究所までは車で一〇分程度。地の利もあって、ふだんはiPS細胞の研究など生命科学の分野の取材も多い。そんな私たちにとっても、「ゲノム編集」という技術は耳慣れないものだった。そもそもゲノムとはどんなものだったか……。まずはそこからの出発である。

私たちの細胞の中には「遺伝子」があって、背が高かったり低かったり、髪が黒かったり茶色かったり……「私」という人間の「人となり」を決めている。ふつうは父親と母親から、それぞれ遺伝情報が引き継がれ、うまく混ざって「私」という一人の人間が形づくられる。それは、好きか嫌いかにかかわらず、決まっている「運命」なのだ。だから「女優の○○さんのような美人になりたい」と願っても、突然美人になることはない。

人間だけではない。イヌもマグロもジャガイモも、親から引き継いだ遺伝情報に基づいて形づくられている。つまり遺伝子とは、言ってみれば、私たちをつくるための指示書のようなものである。この一つの生物が持っているすべての遺伝情報が「ゲノム」と呼ばれている。ということは、ゲノムもふつうは変えることができないものなのだ。しかし、ゲノム編集は、なんとそのゲノムを〝編集〟して、「遺伝子の情報を変えることができる」技術だという。しかも、すでに遺伝子の情報が編集されて誕生した生物も存在するらしい……。

「遺伝子の情報を変える」と聞いて、ぱっと思いつくのは「遺伝子組み換え技術」ではないだろうか。スーパーマーケットの食料品コーナーでも「遺伝子組み換え食品ではありません」などという但し書きをよく目にする。

「遺伝子組み換えとは何か違うのですか」とデスクに尋ねても、判然とした答えは返ってこない。でも、違うことは間違いないようだ。「どうやらすごい技術みたいなんだ」と繰り返すデスク。「取材したら絶対に面白い。世界でもこの技術の画期性に気づいている一般のマスコミはそういないよ」

確かに、遺伝子組み換えという言葉は聞くが、一般的に知られているのは、ダイズやトウモロコシくらいだ。ほかの食品に広がっているのだろうか……。遺伝子組み換えに代わる技術。それだけすごい技術なら、ヒトで応用することもできるのか……。

目の前では、編集マンがVTRを切ったり貼ったりして、まさに映像を〝編集〟している。同じように生物の遺伝子が簡単に編集できるのかは疑問だが、もし、それが可能なら、私たちの未来にとって、大きな変化をもたらすものであることは間違いない。科学の取材をしていると、その研究が秘める可能性に得体の知れなさを覚え、「すごい」と「怖い」は背中合わせだと感じることがある。正体をはっきりさせるには、取材が一番の近道だ。私たちは、ゲノム編集についてのリサーチを開始することにした。

ホルスタインは存在していなかった

二〇一四年秋。最初に話を聞くことになったのは、京都大学大学院農学研究科の木下政人(きのしたまさと)助教である。農学研究科といっても、木下助教のグループは、「応用生物科学専攻・海洋生物機能学分野」。研究室では、メダカなどの魚で、研究用の実験動物をつくっている。

農学部の研究棟の五階に研究室はあった。大部屋で、数人の学生がパソコンに向かって作業をしている。海洋生物を扱う研究室だけあって、水槽には様々な種類の魚が泳いでいる。近くの学生に声をかけると、奥にある木下助教の研究スペースに案内してくれた。

シャツにデニムというラフな服装の木下助教は、笑顔で出迎えてくれた。机の横の本棚には天井まで本が並んでいる。背表紙に「Medaka」と書かれた本がある。聞けば最近、日本語の「メダカ」は世界共通語になりつつあるという。メダカは性染色体が人間と同じXYで、ほぼ毎日卵を産むため、実験動物として注目されているらしい。また、卵の膜が透明で発生過程の観察がしやすいことや簡単に飼育できることも利点だ。

木下助教が取り組んでいるのは、ゲノム編集を使った魚の品種改良だ。いったい、どんな魚をつくっているというのか。そして、ゲノム編集とはどのような技術なのか――。

「ゲノム編集は生物の品種改良において、とても画期的な技術なんです」

木下助教はウシを例にとって説明してくれた。私たちが日頃飲む牛乳は「ホルスタイン」という品種のウシの乳だ。ご存じの通り、ホルスタインは乳房が大きく発達している。動きは鈍く、性質はおっとり。たくさんのお乳を私たちのためにつくってくれる、すばらしいウシである。

しかし、あのような大きな乳房をぶら下げていたのでは、とてもではないが足の速い肉食動物から逃げることはできないはずだ。自然界の過酷な生存競争を、ホルスタインはどのように勝ち抜いたのか――。実は、この疑問に答えることはさほど難しくない。ホルスタインというウシは、元もと自然界には存在しなかったのだ。では、どのようにホルスタインは誕生したのか。

その始まりは、人間が野生のウシを「家畜化」したことにある。ウシを囲いの中で飼育し、乳量の多いウシを掛け合わせていく。長い年月にわたって、交配を繰り返した結果、ようやくホルスタインという理想的な乳牛が誕生した。

ウシだけではない。食料の安定的な供給を目的として、たくさんの生物でこうした掛け合わせは繰り返されてきた。よく実のなるコメ。おいしい肉がたくさん取れるブタ。そのほか、イヌにも多くの品種がある。顔、性格、体の大きさ、毛色の違いは、いろいろなイヌを掛け合わせて生まれたものだ。しかし、新しい品種をつくろうとすると、理想の品種が出来るまでに何百年という膨大な年月がかかる。それに、うまく掛け合わせたところで、必ずしも理想通りの品種が出来るとは限らないのだ。

遺伝子組み換え技術の誕生

どうにかして、より短時間で理想的な品種に改良することはできないものか。次に考え出されたのが、その生物を形づくる遺伝子に働きかける方法だった。

例えば、日本人の主食であるコメ。たくさんの実がなるコメの開発のほかにも様々な試みが行われてきた。変異原（化学物質や放射性物質）を使って遺伝子の一部を変化させる手法もその一つだ。こうすることで、炊いたごはんが冷えても固くならない品種がつくられたという。

例えば、養殖のカキ。身を大きくする開発が進み、卵の段階で低温にしたり圧力をかけたりすることで染色体の数を増やす手法が編み出された。染色体の数が増えると、生殖器官の成長が止まり、卵巣や精巣を発達させなくなる代わりに、その分のエネルギーを使ってカキの身が大きくなるという。

こうして様々な技術の試行錯誤が繰り返されてきた。そこに新たに出てきたのが遺伝子組み換え技術だった。遺伝子組み換えは、外から別の遺伝子を組み込むことで、生物の性質を変えることができる技術だ。動物の遺伝子に植物の遺伝子を組み込むなど、違う生物の遺伝子を入れ込むことができる。アメリカの食品医薬品局（ＦＤＡ）は遺伝子組み換えダイズやトウモロコシのほか、最近では遺伝子組み換えによってつくり出された、早く成長するサケを食用に販売することを認めている。

しかし、品種改良を行うときに変異原や遺伝子組み換えの技術を使ったとしても、問題となるのは時間だ。例えば、ある特定の遺伝子を、変異原を使って壊して働かなくしたいとする。しかし、ただ変異原を使っただけでは、何万もある膨大な遺伝子のうち、どの部分の遺伝子が壊れるのかはわからない。ねらった遺伝子を壊すためには偶然に頼るしかなかったのだ。そして、そのほとんどの場合、違う遺伝子が壊れてしまうのである。研究者たちは、ひたすら同じ実験を続けるしかなかった。

遺伝子組み換え技術を使った場合でも、何千回、何万回と実験を繰り返し、偶然にねらい通りの場所に入って遺伝子が働くのを待つしかない。今のご時世、そんな悠長な実験はしていられないというのが研究者の正直な思いだろう。研究費の獲得が難しくなっていると、様々な取材を通して現場の研究者からよく聞いていた。

一〇〇年かかるものが数年に

「そんな中、新しく出てきたのが、ゲノム編集なのです。これまでの方法と比べると、非常に効率がいい」

ようやくゲノム編集の話が登場した。ゲノム編集とは、簡単に言うと、「これまでよりもはるかに高い確率でねらった通りの遺伝子を壊すことができる技術」だという。どういうことか。

生物の遺伝子は、四種類の「塩基」と呼ばれる物質の組み合わせが情報を担っている。細胞の中には塩基と結合する性質を持つ物質がある。この性質を応用した技術こそ、ゲノム編集だ。編集したい遺伝子と結びつく物質を細胞の中に送り込み、目的の遺伝子と結合させる。

この送り込んだ物質には、遺伝子を切ることができる、「はさみ」の役割を果たす物質も連結させてある。物質が編集したい遺伝子と結合すると、はさみが働き、遺伝子を切断。切断された遺伝子は壊れるという仕組みである。「ターレン」や「クリスパー・キャス9」などと呼ばれるいくつかの手法があるという。

確かに、変異原となる化学物質をかけるより確実に遺伝子を壊すことが可能なのではと思ってしまう。偶然に頼り、できるのかできないのかわからないという状況だったことを考えると格段の進歩だ。木下助教はこれまでとはかかる時間がまったく違うということを特に強調した。「魚を改良するのに偶然を待っていれば、一〇〇年、もしくは二〇〇年とかかってしまいます。しかし、ゲノム編集技術を使えば、数年でできると考えます」

一〇〇年かかるのであれば、事実上不可能とされてしまう。それが、うまくいけば一〇〇分の一くらいに短縮され、不可能が可能になるのだ。効率性が格段に上がるどころの話ではない。まさに、別次元の技術ではないだろうか。

筋肉量をコントロールする遺伝子

ところで、このゲノム編集技術を使うと、いったいどんな魚をつくることができるのだろう。

「医学部の先生方と協力して、メダカで病気の再現をしています。例えばパーキンソン病のメダカ。ほかにもセロトニン（神経伝達物質の一つ。ストレスを減らす働きがあると言われる）をつくる遺伝子を壊して、うつ病のメダカをつくる研究に取り組んでいます」

最近はほ乳類を使った動物実験を減らす目的で、魚で病気を再現して、メカニズム解明の研究に活かしているという。いくつかの種類の病気を再現する研究がすでに進んでいる――そのこと自体が、ゲノム編集の可能性を示唆しているように聞こえた。

「マダイやトラフグなどの品種改良の研究も始めています。特に進んでいるのはマダイの研究です」

マダイは稚魚から成長して繁殖する能力が備わるのに三年はかかるとされている。次世代が出来るまでに時間がかかってしまうことが、養殖する上でのデメリットだった。そこで研究グループでは、通常よりも早いスピードで成長するマダイ、正確に言うと、若くして生殖能力を持つマダイを育てる研究を行っているという。

「ふつう三年かかるところを、六か月くらいにしたいですね」

単純に考えると六倍のスピードで繁殖することになる。もう一つ、研究グループがマダイで行っている研究がある。筋肉量の多い、ムキムキのマダイをつくることだ。マダイは一キロの個体で、食べられる肉の量は四〇〇グラム以下しかない。内臓の部分が多かったり、頭が大きかったりする、マダイの体型が問題なのだという。

もし、高級魚でもあるマダイの身がもっと多かったら……。養殖に携わる生産者にとっても消費者にとってもメリットが大きいだろう。

そこで木下助教たちはある遺伝子に着目した。ミオスタチンだ。ミオスタチンは筋肉の成長を抑えるタンパク質（遺伝子もタンパク質も同じ名前）として知られている。筋肉が体に付きすぎないよう、適切な筋肉量を保つように働く。このミオスタチンが働かなくなると、筋肉の細胞の数が増えたり細胞の一つひとつが大きく成長したりするようになり、通常よりも体が大きく育つようになる。人間でも、生まれつきミオスタチンが機能しない、いわゆる「ミオスタチン関連筋肉肥大」の人が世界で一〇〇人程度確認されているという。この体質の人は、筋肉量が通常の一・五〜二倍になることがわかっている。

木下助教らはミオスタチンを人工的に働かなくすれば、体の筋肉量が相対的に増えて、肉付きのよいマダイが出来るのではないかと考えたのだ。そのためには、ミオスタチンを壊せばよい。別の場所にある実験場で、そのマダイはすでに誕生しているという。木下助教は、まだマダイは幼魚で、そこまで大きな変化は見られないと前置きをした上で、筋肉の量が一・五倍くらいに増えればいいのではないかと当面の目標を口にした。

「筋肉量が増えると、ぽっちゃりした、もしくはムキムキの魚になるわけです。マダイは、日本では尾頭付きで食べる習慣もあるので、少し形が変わったものを出すのはあまり好意的には受け止めてもらえないかもしれない。でも、切り身として販売するのであれば、この研究を活かすことができると思います」

ゲノムを編集された魚が消費者に受け入れられるか、という問題は別にしても、確かに切り身の状態であれば、多少見た目が悪くても、タイであることに違いはないのだから、身が多く販売できたほうがよいのは間違いない。

これまでの魚は、漁で取った天然のものと、天然の魚をベースにした養殖のどちらかだった。それが、家畜のように目的に合った品種をつくり出して養殖することができるようになる。積極的に仕掛ける養殖漁業になっていく。

もしかしたら、自然の生態系そのものを私たちはコントロールできるようになるのかもしれない。人間は、いわば「神の領域」に足を踏み入れてしまったのではないか……。

ゲノム編集は、世界を変えると思うか——この問いを木下助教にぶつけた。

「思います。ゲノム編集は長年の研究を通して達成されたものですが、この技術を決定的に使いやすくし、普及させた研究者がいます。その研究者はおそらくノーベル賞を取るのではないでしょうか。ゲノム編集は、それほど私たち研究者にとって、大きな意味を持つ技術なのです」

頭だけで考えているのでは、この技術の正体を捉えることはできない。私たちは木下助教がマダイを飼育している近畿大学の水産研究所に取材に行くことを決めた。まずは、本物を見てからだ。

マダイが泳ぐ水槽

二〇一四年一〇月。私たちは車で和歌山に向かった。近畿大学水産研究所・白浜実験場。目指すマダイは、そこにいた。近畿大学はかねてより魚の養殖に力を入れていることで知られている。特に有名なのは、養殖マグロ。施設の中で卵から成魚まで完全に養殖することに成功している。二〇一三年に、大阪と東京に相次いで、近畿大学のマグロが食べられる店が出来て、人気を集めているという。

実は、近畿大学ではマダイもマグロと同様に研究の対象としていた。歴史は一九六〇年代の前半まで五〇年ほどさかのぼる。長年に渡って早く成長するマダイの開発が進められてきたのだ。一般に養殖マダイの出荷サイズは一キロから二キロくらいの大きさだが、天然のマダイではこのサイズになるまでおよそ三年の年月がかかる。近畿大学では早く大きくなる個体同士を掛け合わせて一年半で一キロ程度の大きさに成長させることに成功していた。木下助教は、近畿大学のマダイは成長が早いからか、性成熟（動物が生殖可能な状態になること）するまでの時間が短く、実験に向いていると話す。

研究所に近づくにつれて、海の景色が増えていく。天気もよく、ちょっとした旅行気分を味わいながらの道中だ。茶色のれんが造りの建物が見えてきた。水産研究所・白浜実験場だ。海洋生物の研究をしている施設なのだから当たり前かもしれないが、建物の正面にも横にも海が広がっている。

取材に同行する京都大学の木下助教と研究室のメンバーもすでに到着していた。あいさつを交わすと、建物の奥から背の高い男性が登場した。木下助教と共同で研究をしている近畿大学の家戸敬太郎（かとけいたろう）教授だ。メンバーがそろったところで、さっそくマダイが育てられているという施設に向かう。通常よりも筋肉の量が多いマダイ。いったい、どんな姿をしているのか。

数百メートルほど歩いただろうか。斜面に沿って建てられた、いくつかの建物が目に入ってきた。意外なほど簡素な造りの建物だった。入り口に足を踏み入れると、階段が続いている。入り口の両側には水槽がたくさん並んでいて、様々な魚が育てられている。階段を上りきった一番奥に、高さ一メートルほどの水槽がずらりと並んでいた。中にはたくさんのマダイが窮屈そうに泳いでいる。

「すべての魚がゲノム編集されているわけではありません。（ゲノム編集されているのは）この

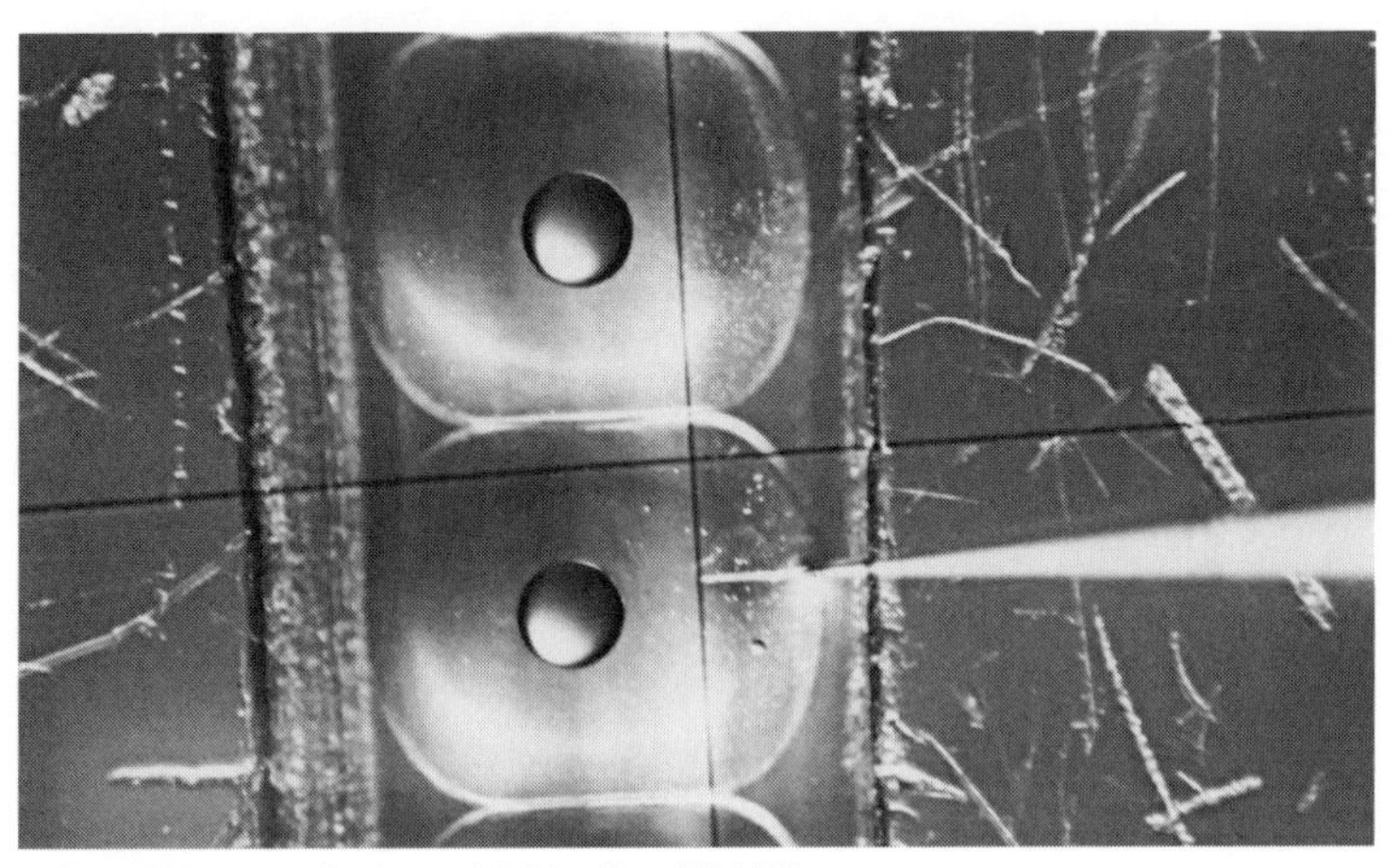

マダイの受精卵にクリスパー・キャス9を注入してゲノム編集を行う
（画像提供：京都大学大学院農学研究科 木下政人助教）

水槽の子たちと、この水槽の子たちです」

指し示された水槽に恐る恐る近づいてみる。泳いでいるマダイは、ふつうのマダイと比べて格段の差は見られない。

「今年の春に生まれたばかりなので、まだ子どもなんです。見た目には、大きさにそれほど違いはないのですが……」

このマダイたちは取材の半年ほど前、二〇一四年の五月に誕生した。受精卵の段階で卵にクリスパー・キャス9というゲノム編集をするための物質を注入されている。成功していれば、筋肉の成長を抑えるミオスタチンが壊されて、ふつうのマダイよりも筋肉が発達しているはずなのである。

魚は大きくなっていたのか

しかし、まだそれほど筋肉が付いているようには見えない。子どもだからか、体も小さい。この日は、一匹一匹にタグを打ち込んで個体の識別ができるようにする作業と、尾ひれの先を切り取る作業を行うことになっていた。尾ひれは後日、ゲノムの変化を調べるのに使われるそうだ。解析を行い、本当にミオスタチンが壊れているのかを確かめるという。

作業は京都大学と近畿大学の合同チームで行った。マダイは麻酔薬が入った水槽にぽんぽん入れられていく。すべてのマダイが移し替えられたのち、今度はその水槽から水が抜き取られる。マダイをすくいやすくするためだ。水槽の底に残ったわずかな水の中に、マダイがひしめき合っている。麻酔が効いてきたのか、元気だったマダイたちがおとなしくなってきた。学生が柄の長い網を持ってきてすくい上げる。

中には、網の上で我に返って大暴れするマダイもいる。子どもなのに元気がいい。すくい上げられたマダイはそのまま作業台の上に載せられる。家戸教授がマダイの体長を測り、おなかのあたりに専用の機器を使ってタグをぶちっと埋め込んでいく。

学生たちも要領よく体長のデータを取り、尾ひれを切っていく。尾ひれを切られたマダイは再び水の中に戻される。やはり何度見てもゲノム編集されているようには思えない。私たちは耐えきれず木下助教に質問した。

「いつ頃になったら大きくなるのでしょうか。今はまだ大きさが変わりませんね」

彼の答えは、生まれてから一年ほど経てば違いがわかるかもしれないというものだった。私たちはマダイの体そのものが大きくなるような単純なイメージをしていたが、ミオスタチンを壊したからといって体長はそれほど変わらないらしい。筋肉の細胞数が増えたり、細胞一つひとつの大きさが大きくなったりして、全体的に丸くなってくるという。

もう一度じっくりマダイを確認するが、やはり丸くなったような様子はない。科学の分野を取材していると、「世紀の大発見」と言われるようなものでも、現物を見ると素人目には「さほど違いやすごさはわからない」と感じることが多い。生まれてすぐにマダイの体に違いが見えるのではないかと、どうしても期待してしまう。

しかし、本当はそう簡単な話ではない。科学の研究は、少しずつ次のステップへと進んでいく。最初と最後だけを比較すると成果もわかりやすいが、途中のプロセスにおいては、それほど明確に違いは見えてこないのだ。そうした現実を目の当たりにするたびに、科学の発展というのは気が遠くなるほどの小さな成果の積み重ねなのだと感じる。

おそらく、マダイの研究についてもそういうことなのだろう。もしかしたらゲノム編集をした一世代目は、ふつうのマダイと見た目に違いはわからない程度の結果しか出ないかもしれない。掛け合わせていくうちに、見た目にもはっきりとした違いが見えてくる可能性はあるけれども。果たして私たちが取材を行う間に目に見える成果は出てくるのだろうか……。一抹の不安が残る。

いずれにしてもミオスタチンが壊れたかどうかは、今日採取した尾ひれを解析すれば判明する。今の段階から、この研究に密着していれば、ゲノム編集の全体像や可能性が少しずつ見えてくるはずだ。私たちは次回の取材に期待を寄せることにした。

一瞬で終わったゲノム編集作業

ところで、「魚の受精卵をゲノム編集する」というのは、具体的にはどういう作業を行うのだろうか。後日、私たちはゲノム編集の様子を撮影させてもらうことにした。木下助教が撮影用に用意してくれたのは、メダカの受精卵。メダカはほぼ毎朝産卵する。作業はその日の朝採取された受精卵で行われることになった。

「研究によく使われるのは、メダカやゼブラフィッシュですね」

木下助教が案内してくれたのは水槽が所狭しと並ぶ研究室。泳いでいる魚の多くはメダカ

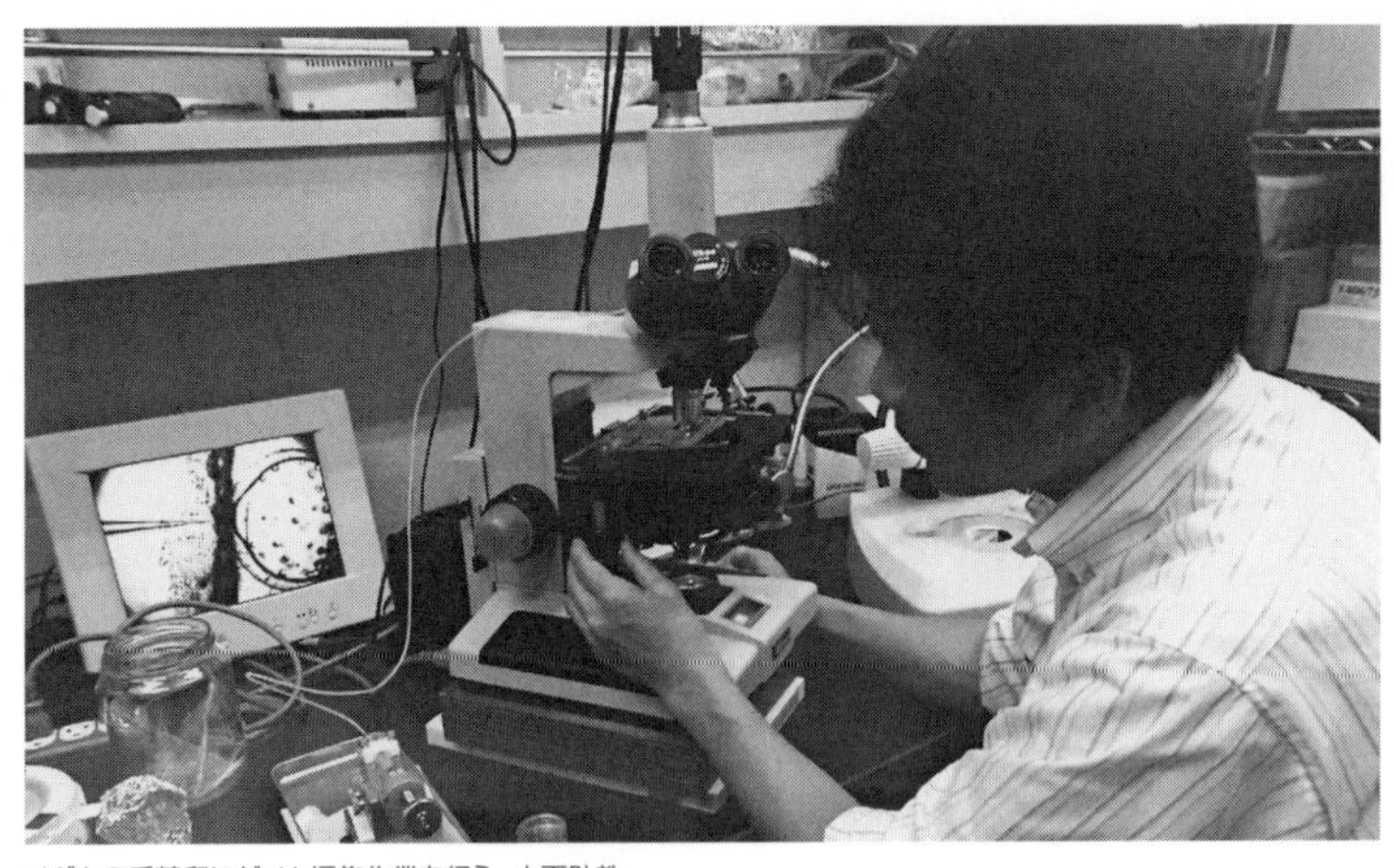

メダカの受精卵にゲノム編集作業を行う、木下助教

だった。どれもひと目見た限りではふつうのメダカだが、様々なゲノム編集がされており、今は個体がどのように変化するかを観察しているところだという。水槽にはオスとメスがペアで入れられていて、毎朝メスが産卵して新しい受精卵が出来る。木下助教が水槽から小さな受精卵の塊を採取した。

「いつもこの場所でゲノム編集をしています」。別の小部屋に移動し、彼はおもむろに一つの顕微鏡をのぞき込んで作業を始めた。メダカの受精卵にゲノム編集で特定の遺伝子を切るための物質を注入するという。ゲノム編集を行う物質、クリスパー・キャス9は、少量の液体だった。ふだんはチューブで冷凍保存されていて、使うときに解凍するようだ。

作業は驚くほど簡単だった。透明なメダカの卵に、極めて細いガラスで出来た針を刺す。針を通して、クリスパー・キャス9を注入する。それだけだ。ものの数分で終わってしまった。

生物を操作する作業がこんなにも簡単だとは……。驚きだった。そして、作業がうまくいったか明確にわかるのは対象の生物が生まれてからだ。

遺伝子解析の結果はいかに

その日、木下助教は、先日私たちが撮影したマダイの尾ひれの遺伝子解析の結果を見せてくれた。結果は……、ねらった通りの遺伝子が壊れていたマダイは全体の五〇%程度だった。

「思ったよりも少なかったんですよ」

研究グループも当初から一〇〇%の確率でゲノム編集できているとは予想していなかった。

私たちの目には簡単に見える作業だが、実際には受精卵にゲノム編集の物質を注入するにはコツがある。受精卵の分裂が始まる前にクリスパー・キャス9を入れ込むことだ。卵は受精すると、すぐに分裂を始める。最初は一個だった細胞が、二細胞、四細胞、八細胞……と進んでいく。このとき最初の一つだけの細胞の段階でゲノム編集を行わなければいけない。例えば、二細胞になってしまったあとにゲノム編集を行うと、片方の細胞ではゲノム編集できているが、もう一つの細胞ではできていないということになりかねない。単純に考えると、体の半分はゲノム編集され、もう半分はされていない、奇妙な状態になってしまう可能性がある。まだら状態でゲノム編集されたようになるのだ。

卵の細胞分裂が始まる前、受精卵として一つの細胞の状態でゲノム編集を行っても、遺伝子が必ず改変されるとは限らない。なぜなら、遺伝子は染色体という構造体の中にあるが、染色体は二本で一組であり、その片方しかゲノム編集されていない可能性もあるからだ。しかし、一本分でもゲノム編集されている場合、それを同じく一本分しかゲノム編集されていない個体と掛け合わせることで、次の世代に生まれた子どもは二本とも遺伝子がゲノム編集されている個体になる可能性がある。

実際に魚へのゲノム編集を行っている現場を目の当たりにして、ゲノム編集もまだまだ発展途上の技術なのだと理解した。

一・五倍の差

翌二〇一五年の春、ゲノム編集されたマダイが、そろそろ生後一年を迎える頃、私たちは再び木下助教に連絡を取った。「それが結構、大きくなってきているんですよ！　背中にも肉が

写真上がゲノム編集されたマダイ。下の通常のマダイと比べて大きくなっているのがわかった
（画像提供：京都大学大学院農学研究科 木下政人助教）

付いてきています」。電話越しにも、興奮が伝わってくる。

　後日、木下助教は、マダイの写真を送ってくれた。ゲノム編集したマダイとふつうのマダイの頭をそろえて横たえて、上下に並べて撮影したものだった。ふつうのマダイと比べると、確かに背中のあたりがこんもりと盛り上がっている。なんとなくおなかも膨らんでいるように見える——。

　私たちは再び和歌山県白浜町にある近畿大学水産研究所・白浜実験場に向かった。この日はマダイの体重測定が行われる予定になっていた。実験場に足を踏み入れる。マダイは元気に泳いでいた。子どものマダイがそれなりに大きくなっているのがわかった。

　マダイには前回取材したときの作業で、タグが打ち込まれている。これと前回取った尾ひれのゲノムのデータを基に、ゲノム編集されているマダイとふつうのマダイを区別して、体長や体の厚み、それに体重を比較する作業を撮影した。ゲノム編集されたマダイの「肥満度」が高くなっているはずだった。

前回と同じように麻酔薬が入った水槽にマダイが入れられていく。麻酔が効き始め、マダイがおとなしくなってくる。近畿大学の家戸教授が網を使ってマダイを捕まえて、体重が量れるように整えられた作業台の上にマダイを横たえる。研究員が体重を読み上げる。

まずはゲノム編集されていないマダイの体重。「三〇二・五」「三四七・〇」……。だいたい三〇〇グラムを超えるのがこの時期の一般的な大きさのようだ。続いて、ゲノム編集されたマダイ。「三六四・九」「三八八・一」「四五〇・六」「五二七・六」……。

ふつうのマダイよりも確実に重い。データを取っている学生からも「おお」とか「すごい」などと声が上がった。学生に「ここまでだと予想していましたか」と声をかけると、「いや、見た目は大きくなったなとは思っていましたけど、ここまで差がついているとは思いませんでした。ちょっと驚いていますね」と答えた。皆一様に興奮気味だ。

一番よくわかる違いは腹側から見た様子だ。ゲノム編集されたマダイのほうがおなか回りが大きい。横からの姿を見比べても違いは明確。ゲノム編集されたマダイは背中がこんもりと盛り上がっている。明らかにふつうのマダイよりも「一回り太い」印象だった。体重レベルでも、見た目でも、およそ一・五倍くらいの差がついたことになる。

新しいマダイ

「今回は明らかに大きいなという感じです。当初は次の世代をつくらないとミオスタチンを壊した効果が出ないと思っていました。しかし、ゲノム編集を行った一世代目から結果が出たのでびっくりしています。予想以上の効果です」

木下助教によれば、魚は死んでしまうその日まで肉量が増え続ける生き物なのだそうだ。これから、マダイたちはいったい、どこまで大きさに差が出てくるのだろうか。また、二〇一六年五月現在、一世代目のマダイたちは生殖機能も発達し、精子や卵も採れたという。二世代目でどのような違いが出てくるのかも注目に値する。ゲノム編集されたマダイ同士を掛け合わせれば、ミオスタチンが働かない性質が強化された個体をつくることができる可能性が高まるからだ。木下助教たちのグループでは、今回生まれた肉量の多いマダイを、数年後をめどに市場に出していきたいと計画している。

目の前で、「新しいマダイ」が生まれた。受精卵にゲノム編集しただけで、親とは違う性質を持つ子どもが生まれたのだ。

この事実を、どう受け止めればいいのだろう。半年以上取材を続けてきたから、研究者の苦労もよくわかっていたし、理念にも共感できた。世の中の役に立つ技術として活かされていくだろうという期待感もあった。しかし、どこかに言い得ぬ不安もある。

木下助教はこの技術の可能性を強調した。

「従来の品種改良は一〇年、二〇年、五〇年とかかるものが、ゲノム編集の場合、マダイだと一年で効果が出てくる。『この遺伝子をこう改変すれば望んでいる形態や特質が現れる』ということを把握していれば、すぐに実現できるのが、ゲノム編集の驚くべき利点です」

マダイの研究で、たった一年で結果が出たことを受けて、彼の中でもゲノム編集技術への評価がいくぶん上がったように感じられた。

「養殖技術が確立しているフグ、人気のマグロ、それからクエやハタで品種改良をしてみたいですね。筋肉量で言えば、マグロは、今以上は難しいかもしれませんが。ヒラメなどは魚体が薄いので、ゲノム編集で肉量を増やすことはすぐにできると思います」

〝機能性魚〟として捉える

品種改良は肉付きを変えられるだけではない。将来的には味や栄養分の面でも改良することができる可能性があるという。

「機能性魚。食べておいしくて、かつ健康によい魚をつくっていければいいのではないかと思っています。魚は畜肉に比べてＤＨＡやＥＰＡなどの多価不飽和脂肪酸がたくさんあって健康によいと言われていますので、さらに多価不飽和脂肪酸を体内でつくれるような魚に変えていく。あるいはビタミンをたくさん含んだ魚もつくっていけたらと考えています」

魚がエサから取り込んで体に蓄えている多価不飽和脂肪酸を、今度は魚が自らの体の中でつくれるようにしていきたいというのだ。それにしても、木下助教の発想力はとどまるところを知らない。実現すれば、魚がサプリメントのようになってくる可能性がある。

科学者たちはその技術がすばらしいもので人類の未来を変えると信じて自らの道を進んでいく。だからこそ、何度失敗しても研究を続けることができる。科学の取材をしているとそのことを常に考えさせられる。ゲノム編集の研究も同じだ。世界的な食料難に直面する可能性がある中で、食料を次々と開発することができれば、どれほど人類にとってメリットがあるか知れない。

誕生したマダイたちは、今後どういう運命を辿るのか。取材はこの先も続くだろう。

第二章 ゲノム編集、そのメカニズム

私たちは制作していたゲノム編集の番組の中で、その仕組みをCGにして説明することにした。「言うは易く行うは難し」とはよく言ったものだ。自分たちが理解することと、放送を通じて視聴者に伝えることの間には大きな隔たりがある。どのように説明すれば、わかりやすく解説することが可能なのか——。

「特定の遺伝子を狙って、確実に、これまでの何万倍もの正確さでDNAを壊す（つまり機能させなくする）ことができる技術」

これをCGにするとなると……。ゲノム編集についてより詳しく知る必要に迫られた私たちは、国内で研究をいち早く始めていた広島大学の山本卓教授に教えを乞うことにした。多忙な山本教授だったが、私たちの申し出を快諾。時間をやりくりして、ゲノム編集のイロハから教えてくれることになった。

白く変えられたカエル

広島大学を訪ねてみると、山本教授は私たちをある部屋に案内してくれた。広島大学の総合研究実験棟の実験室、通称「カエル部屋」。まぶしいくらい明るい蛍光灯で照らし出された部屋には棚が設置され、いくつもの水槽が置かれていた。

ゲノム編集によって生まれた、白いアフリカツメガエル

その中で、不思議なカエルが泳いでいた。カエルの背中は、いずれも少し黄色みがかったクリーム色。まさに「白いカエル」だ。上を向いた二つの目は、まるで宝石のルビーのようにきれいな赤い色をしている。音や振動を感じるのだろう、私たちが水槽に触ると驚いたように一斉に泳ぎ出し、水槽の壁にごっ、ごっと何度も鼻先をぶつける。ガニ股に開いた足と、とぼけた表情に愛嬌がある。この白いカエルは、アフリカツメガエル。ゲノム編集によって白く変えられたのだという。

色を変える前の、本来の色をしたアフリカツメガエルが入った水槽もあった。大きさや格好、それに顔つきは同じだが、背中の色がまったく違う。緑色をベースに、黒い不規則な模様が入り交じっている。緑色の迷彩柄のような感じだ。

目も黒い。木の葉が降り積もる池の底にじっとしていれば、見つけるのは難しいだろう。

白いカエルは、メラニン色素をつくる遺伝子をゲノム編集で働かなくしたと山本教授は説明してくれた。その遺伝子の名前はチロシナーゼ（その遺伝子がつくる酵素の名前でもある）。このチロシナーゼという遺伝子は、メラニン色素の合成に必要となる。チロシナーゼが壊れると、カエルは色素がつくれなくなり、白くなるのだ。しかしねらった遺伝子だけを壊すということは、これまではとても難しいものであった。従来の遺伝子改変技術であれば、何万回も試して、その中から偶然にチロシナーゼだけが壊れた個体を探し出す。

ものすごい時間と労力をかけなければできないため、誰もやらない。つまり、事実上、不可能と言えた。自然界でもごくまれに、白い個体が発見されてニュースになる。しかし、実際に自然の中で白いカエルを見たことがある人はまずいないはずだ。それぐらい珍しいものだ。

しかし、ゲノム編集は不可能を可能にした。

慣れた学生が一〇個の卵にゲノム編集を行えば、たいていはほぼ一〇匹の白いカエルが誕生するという。一つの遺伝子をねらい撃ちで改変することができるのだ。山本教授たちはカエルが白くなるかどうかを指標にして、ゲノム編集の技術の改良を行ってきている。この白いカエルは生命科学の最新技術、ゲノム編集の画期性を体現しているのだ。

広島大学では、山本教授率いる研究チームがゲノム編集の研究に早くから継続的に取り組んできた。この分野の国内の草分けだ。

山本教授がゲノム編集を初めて知ったのは、二〇〇八年。海外の論文を通じてゲノム編集という技術に出合い、その可能性に魅了されたという。同時に日本がこの分野で大きく立ち遅れていることを実感し、焦りも感じてきたのだそうだ。そこで、手弁当で研究会などを開催し、国内での普及を目指してきた。

「日本では、ゲノム編集についての理解も普及も十分ではありませんでした。非常に遅れていたと思います。この技術を使いたい人が多くても、使い方もわからない。教えてもらえる場所がない。この技術を普及させたいと考えた有志数人のグループで、つながりもないところから、ほかの研究者の皆さんに声をかけました。研究会や講習会は半分ボランティア。好きでやっているようなものです」

山本教授は、国内におけるゲノム編集の歴史を黎明期より知る、まさにパイオニアの一人だ。ゲノム編集のメカニズムについて、山本教授はその歴史から紐解いて解説してくれた。

「ゲノム編集」のゲノムとは何か

第一章でも紹介したが、そもそもゲノムとは何なのか、今一度振り返ってみたい。

私たちヒトの体は、およそ六〇兆個の細胞から出来ている。その細胞の一つひとつには「核」がある。そしてその核の中には四六本の「染色体」が収まっていて、染色体の半分の二三本は父親から、残りの二三本は母親から受け継いだものだ。この染色体を一つひとつほどいていくと、二重のらせん構造をした「DNA」が現れる。DNAは「デオキシリボ核酸(deoxyribonucleic acid)」の略で、遺伝情報を担っている。一九五三年にDNAの二重らせん構造のモデルが示され、以来飛躍的に遺伝子の研究が進んだ。

DNAはA(アデニン)・T(チミン)・G(グアニン)・C(シトシン)という四つの塩基が並んだ構造をしている。AとT、GとCが対になり、二本鎖をつくっている。そしてこの塩基の並びが情報として遺伝子となっている。遺伝子の数はヒトでおよそ二万個とも言われる。

そして、これらDNAの遺伝情報すべての総称が、「ゲノム(genome)」だ。遺伝子(gene)と染色体(chromosome)から合成された言葉である。

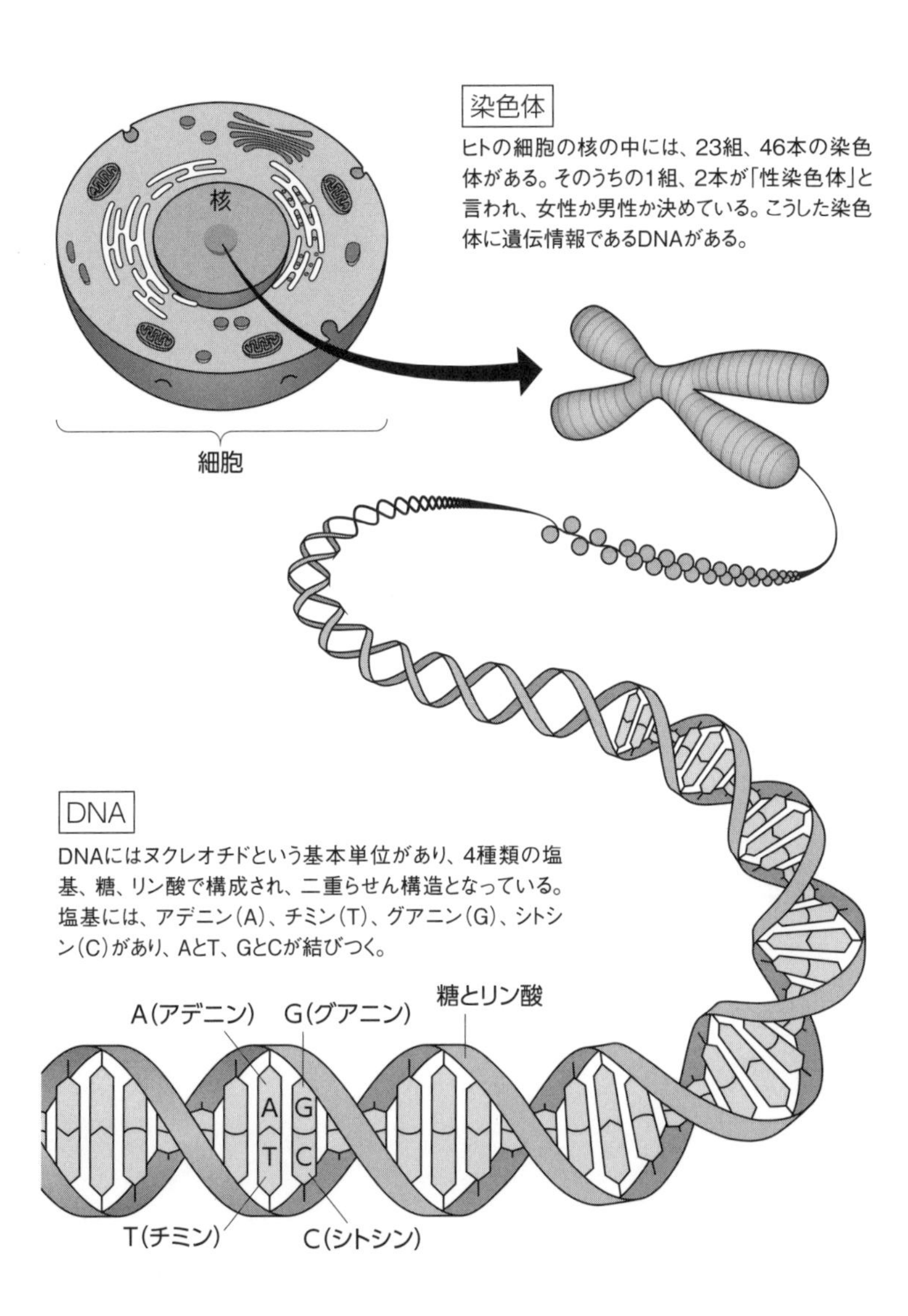
染色体
ヒトの細胞の核の中には、23組、46本の染色体がある。そのうちの1組、2本が「性染色体」と言われ、女性か男性か決めている。こうした染色体に遺伝情報であるDNAがある。
核
細胞
DNA
DNAにはヌクレオチドという基本単位があり、4種類の塩基、糖、リン酸で構成され、二重らせん構造となっている。塩基には、アデニン(A)、チミン(T)、グアニン(G)、シトシン(C)があり、AとT、GとCが結びつく。
A(アデニン)
G(グアニン)
糖とリン酸
A
G
T
C
T(チミン)
C(シトシン)

さて、では遺伝子とは何をするものなのか。遺伝子はタンパク質の設計図だ。私たちの体の大半はタンパク質から出来ている。ヒトもそれ以外のほ乳類も、そして植物なども、タンパク質で成り立っていると言っても過言ではない。食物を消化するのも、細胞の中の様々な化学反応も、タンパク質である酵素が関与している。体を形づくり、運動を司る筋肉、それにホルモンなども多くはタンパク質だ。

つまり遺伝子が、生物の体の構造や基本的な特性を決めていると言ってよい。そのため、遺伝子を操作すれば、生物の形や特性などを変えることもできることになる。

これまでの品種改良

人類は太古の昔から、植物や動物を作物や家畜とする過程で、人間に都合のよい特性を持つようにつくり変える品種改良という作業を長く続けてきた。その方法は、掛け合わせ（交配）を工夫したり、自然の突然変異を見つけ出したりすることだった。

科学は発展し、遺伝子の基本的な構造がわかってきても、品種改良の基本的な考え方は大きくは変わっていない。自然に頼ってきた突然変異を、より早く促すために放射線や化学物質が使われるようになったが、偶然に頼りながら目的の方向に変化した個体を探し出して交配を重ねるというやり方だ。

農林水産省が所管する研究施設、農業・食品産業技術総合研究機構（農研機構）。その農研機構が持つ、「ガンマーフィールド」と呼ばれる屋外の実験用の圃場が茨城県常陸大宮市にある。放射性物質の「コバルト60」が設置された塔を中心に半径一〇〇メートルの円型の圃場があり、植物が栽培されている。植物は放射線による突然変異を促されながら成長する。古典的だが、今も重要な品種改良の方法の一つだ。

「ゴールド二十世紀」というナシがある。黒斑病（植物の葉、茎、果実などに黒色を帯びた斑点が生じる病害）という病気に比較的弱いナシの「二十世紀」からつくり出された黒斑病に強い品種だ。この「ゴールド二十世紀」は鳥取県などの産地で好評を呼び、栽培される面積が増えているという。

しかし、この「ゴールド二十世紀」は、実現まで途方もない時間がかかっている。ガンマーフィールドに「二十世紀」が植えられ、栽培が始まったのが一九六二年。黒斑病に感染する枝が出る中で、病気にならない枝があることを見つけたのは一九八一年だった。ガンマーフィールドで栽培を始めてから一九年が経っていた。この突然変異の一枝から試験を重ねて、「ゴールド二十世紀」が種苗法に基づき品種として登録されたのは一九九一年。栽培開始からは二九年が経過していた。こうした突然変異育種は、様々な場所で行われているが、いずれにしても長い年月と手間が必要な作業だった。

遺伝子組み換えとゲノム編集

遺伝子を操作する技術としてすぐに浮かぶのは遺伝子組み換えだろう。厚生労働省のパンフレットによると、遺伝子組み換えとは「生物の細胞から有用な性質を持つ遺伝子を取り出し、植物などの細胞の遺伝子に組み込み、新しい性質をもたせること」と記されている。簡単に言うならば、遺伝子組み換えは、種を超えて新たな遺伝子を「挿入」する技術だ。一九七〇年代に登場して発達し、実際に応用されて成果を上げてきた。

それまで、糖尿病の治療薬のインシュリンはブタなどのすい臓から抽出されていた。しかし遺伝子組み換え技術によって大量生産ができるようになった。大腸菌や酵母の遺伝子にヒトのインシュリンの遺伝子を組み込んで培養することで、ヒトのインシュリンを大量に製造できるようになったのだ。これは糖尿病の治療に大きな貢献を果たした。

また、一部の植物で品種改良にも応用されてきた。除草剤に耐性のあるダイズや害虫に抵抗性のあるトウモロコシがよく知られている。遺伝子を入れる方法は、ウイルスや細菌などを利用する方法のほか、動物の場合は卵へ直接注入する方法が一般的だ。魚でも遺伝子組み換えの品種が誕生するなど、その実用化の例は徐々に広がっている。第一章でも触れたが、二〇一五年にはアメリカの当局が、遺伝子組み換えによって、成長ホルモンの分泌を活発にして、成長を早めたタイセイヨウサケを食用に養殖し販売することを認めた。

国内でよく知られている遺伝子組み換え植物の、青いバラ。これを例にとって遺伝子組み換えとゲノム編集の違いを説明しよう。青いバラは元もと自然界に存在しないもので、サントリーの研究者グループが遺伝子組み換え技術を駆使して開発に成功したと二〇〇四年に発表した。バラの遺伝子に、パンジーの青い色の色素をつくる遺伝子を組み込んでつくったのだが、成功まで実に一四年の歳月がかかっている。開発においては、何の遺伝子をどこに組み込めばいいのか、など難問がたくさん存在したと言われている。しかし、ここでは実際に遺伝子を組み込むことの難しさに焦点を当てたい。

遺伝子の並びを積み木の列に見立てる。そしてどこに、青色遺伝子を組み込めばいいか、までわかっているとする。遺伝子組み換えの技術では、細胞の中に青色遺伝子の青い積み木を送り込んでも、積み木の列にはじかれて入らないこともあるほか、そもそも、入れる場所をねらうことはできない。ねらっていない場所に青色遺伝子が入り込む。二つ入り込んだり、三つ入

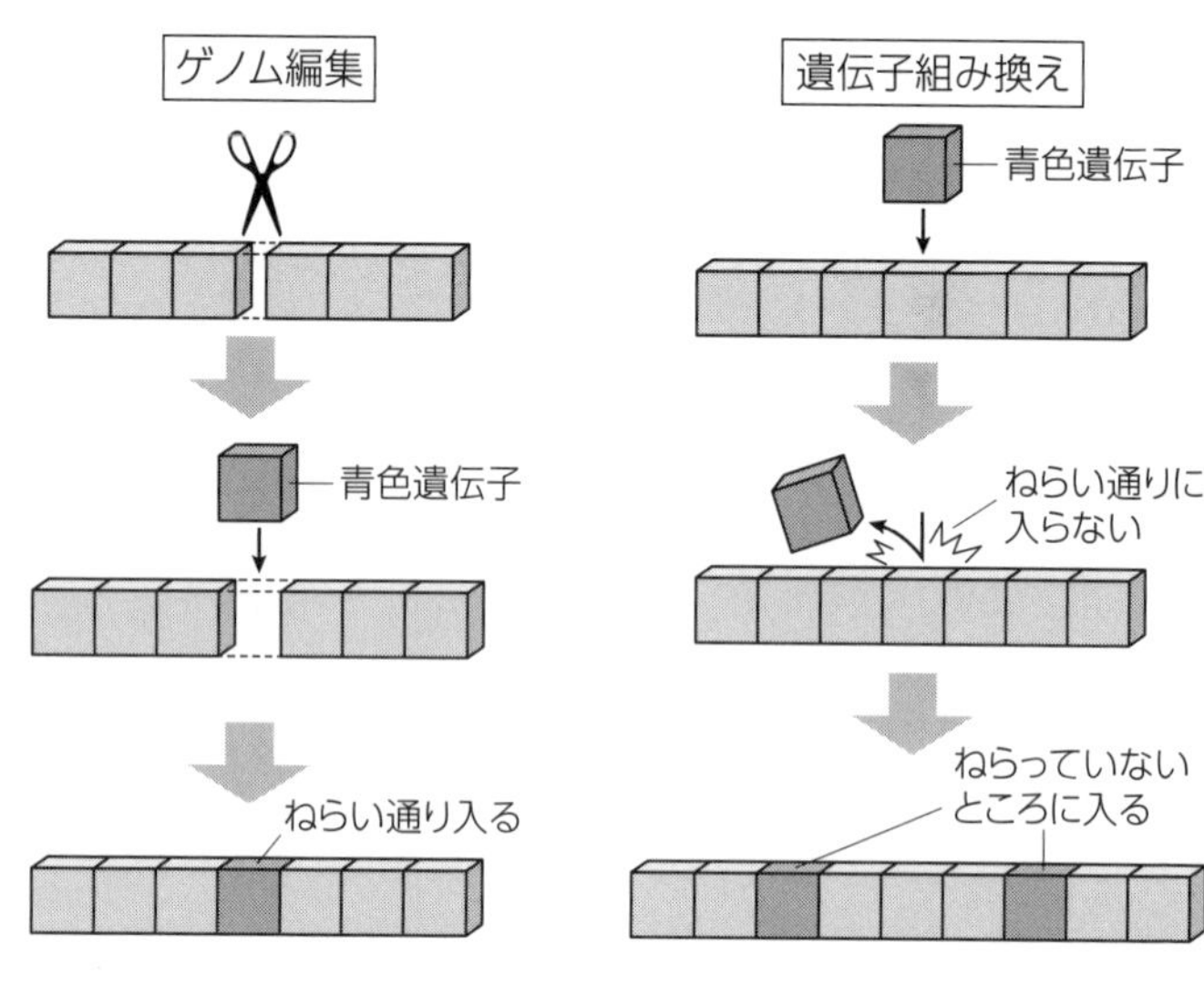

り込んだりすることもある。コントロールは不可能だ。青色遺伝子を入れ込む作業を大量に行い、何千回、何万回と試した中からたまたまねらい通りに入ったものを選び出すしかなかった。つまり、遺伝子組み換えは偶然に頼った技術だった。長い時間と手間を要する、誰もが簡単にできる技術ではなかったのだ。

これを、ねらい通りにできるようにしたのが、ゲノム編集だ。ゲノム編集を使うと、遺伝子のねらった場所を正確に操作することができる。積み木の例えでこのプロセスを説明するとこうだ。まず、遺伝子のねらった箇所を切る。切られた遺伝子は機能を失ってしまう。一方で、こうして切ったところには隙間が出来る。青色遺伝子を同時に送り込むと、切断された遺伝子は修復しようとする過程で、取り込んでしまう。結果として青色遺伝子が挿入されるのだ。

第一章で紹介したマダイや、本章で紹介した白いカエルなどは、ただ特定の遺伝子を破壊する(ノックアウト)だけだったが、ここでは新しい遺伝子を組み込む(ノックイン)もできる。遺伝子を切ったり貼ったりと、まさに遺伝子を〝編集〟する技術なのだ。

「遺伝子を操作する」ということ

これまでただ一つ、ねらった遺伝子を操作できるとして普及してきた技術があった。それは二〇〇七年にノーベル医学・生理学賞を受賞したことでも知られている「ノックアウトマウス」だ。

遺伝子の機能を調べるために、その遺伝子を壊す、つまりノックアウトして、どのような現象が起きるか観察する。この方法で多くの遺伝子の機能が調べられてきた。病気のモデルマウスも五〇〇種類以上つくられてきたとされる。しかし、この技術にも大きな難点があった。ノックアウトマウスをつくるには、多くの労力と時間がかかる大変な作業だったのだ。慣れた研究者でも半年から一年程度はかかる。そして、ノックアウトマウスをつくり出したのはいいが、何の変化も見られないということもある。大学院の修士課程や博士課程の二年間や三年間では、一つのノックアウトマウスをつくって論文にまとめるのがやっとだと言われていた。

それにもう一つ、大きな制約がある。ＥＳ細胞（胚性幹細胞）という特殊な細胞がないと、つくることができないのだ。ＥＳ細胞は受精卵から発生が始まってごく初期の一時期にしか採れないとされ、マウスやラットなど限られた動物でしかつくられていない。

それでも、この技術には多くの人が取り組んだ。この本に寄稿している京都大学ｉＰＳ細胞研究所の山中伸弥教授もその一人だ。序文にも書かれている通り、若き日にノックアウトマウスの技術を習得するためにアメリカに渡った。それほど魅力的な手法だった。遺伝子の機能を一つひとつ調べることができる唯一の技術だったからだ。

ノックアウトマウスによって様々な遺伝子の機能が調べられ、遺伝子についての知識は格段に上がった。しかし、実験の高い難易度から、何の成果も出ずに二、三年が経過し、卒業できずに苦しんだ大学院生もたくさんいたという。

ゲノム編集技術はいつ登場したか

遺伝子を正確に操作できれば、もっと自由にノックアウトマウスをつくることができる。そして、マウス以外の生物でもノックアウトができるようになる。ゲノム編集の技術を開発する挑戦は長らく続けられてきた。この技術開発の重要なポイントは、いかに正確に、操作したい遺伝子をねらい撃ちできるかという点であった。

およそ二〇年前に登場したのが、ゲノム編集の第一世代、ZFN（ジンクフィンガー・ヌクレアーゼ）である。

生物の遺伝子は四種類の塩基が情報を担っていることはすでに述べた通りだ。そして、細胞の中には、特定の塩基に結合する性質を持つタンパク質が存在する。ZFNは、この性質を応用した。

ZFNではまず、編集したいDNAの塩基配列と結合するタンパク質の部品（ジンクフィンガー）を解析して設計し、作製する。こうして作製されたジンクフィンガーを細胞の中に送り込むと、何万もの遺伝子の中から目的の遺伝子を探し出して結合する。

このジンクフィンガーにはもう一つ仕掛けを施してある。遺伝子を切ることができる制限酵素（の一部）も連結させてあるのだ。こうすることでZFNが目的の遺伝子と結合したとき、この酵素がはさみの役割を果たし、遺伝子を切断。ねらった遺伝子を働かなくすることができるという仕組みである。

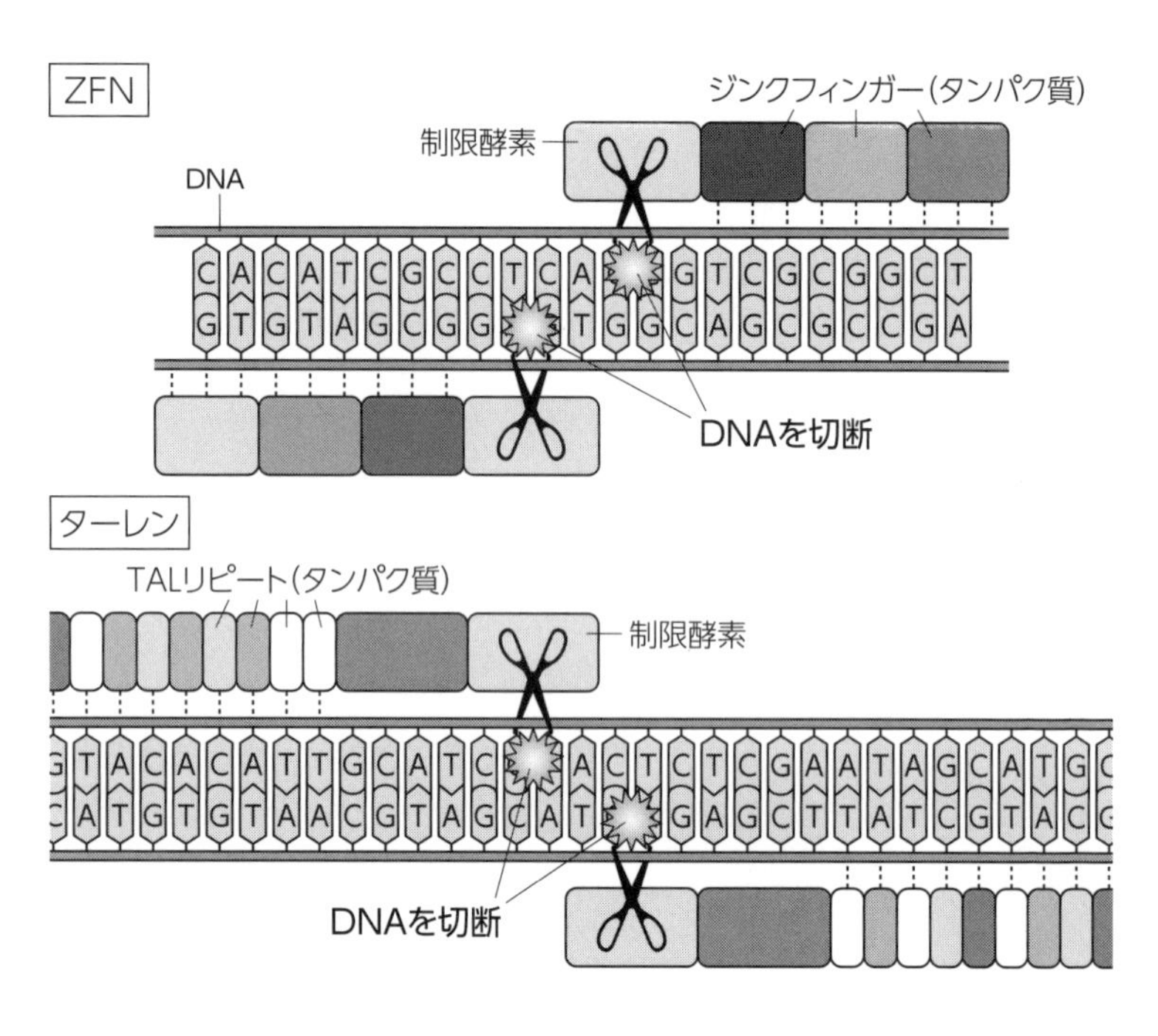

ジンクフィンガーは、一つが三つの塩基をセットで認識する。例えば「GAA」という塩基が並んでいる場合は、それに対応する適切なジンクフィンガーを選んで並べる。標的とする塩基の並び方によっては、単純に並べただけでは認識が難しい場合もあった。この、塩基に結合するタンパク質の作製は、かなり高度な知識と技術、そして経験がないとできないものであった。

続いて二〇一〇年頃に登場した第二世代のターレン（TALEN）はかなり改良が進んでいた。一つの塩基に一つのTALリピート（タンパク質）が結合するようにしたのだ。ターレンは、慣れるまでは使いこなすことが難しいが、遺伝子の配列を読み取って、ねらったところを正確に切断できる技術として専門家の中では注目されてきた。

ターレンを使って研究しようという研究者は着実に増えていた。また、技術的な改良も進められ、効率よく短時間で準備して使うこともできるようになってきている。ターレンは、標的としていないＤＮＡ配列を誤って切断してしまうことが少ないとされていて、評価は今もなお高いものがある。

第三世代、クリスパー・キャス9はこうして生まれた

第三世代のクリスパー・キャス９（CRISPR-Cas9）は、二〇一二年に発表された論文が始まりとされる新しい技術だ。一般には「クリスパー」と呼ばれることも多い。ゲノム編集は、クリスパー・キャス９の登場によって、世界中に普及していくこととなる。

その論文はアメリカのカリフォルニア大学バークレー校のジェニファー・ダウドナ博士と、スウェーデンのウメオ大学などに所属しているエマニュエル・シャルパンティエ博士の研究チームによるものだった。彼女たちが生み出したクリスパー・キャス９は、それまでのゲノム

編集の第一、第二世代の技術と大きく異なっていた。

研究チームは、細菌がウイルスの感染などから身を守る仕組みに注目していた。細菌には、「クリスパー」と呼ばれるDNAの配列が存在する。これはウイルスなどの感染に対抗するときに使われていることが知られていた。しかし、その詳しい仕組みはわかっていなかった。

クリスパーには、特徴的な繰り返し配列があり、ウイルスなどのDNAの一部が取り込まれていることがわかった。これは、過去に感染したウイルスなどの遺伝子断片であった。さらに、同じウイルスなどから再び感染が起きたときに、その配列を目印に「キャス9」という酵素を使って、ウイルスのDNAを切断して感染を防いでいることがわかったのだ。

私たちヒトを含む脊椎動物は、体を守る仕組みとして免疫というシステムを持っている。子どものときに、はしかや水ぼうそうにかかると、再び感染した場合には症状が軽くなることが知られている。これは、一度感染すると、病原体の特徴を免疫細胞が覚えておくメカニズムが備わっているからだ。病原体の細胞の表面の特徴を記憶するこの作用を利用して、ワクチンが出来た。ワクチンを接種すると、一度目の感染として免疫細胞がその特徴を覚え、二度目以降の感染では、効率よく病原体を排除できるようになる。これを、「獲得免疫」と呼ぶ。

細菌で見つかったクリスパーとキャス9の働きもこの作用によく似ている。ただ、目印として記憶されるのは、遺伝子の塩基配列だ。遺伝子の配列を目印とした、いわば獲得免疫が細菌に備わっていたのだ。

二人の研究チームは、クリスパーとキャス9の機能をベースに、より使いやすく改変し、人工的にねらったDNA配列を切断する道具として使えることを示した。つまり、ゲノム編集のツールになることを証明したのだ。この成果には、多くの研究者が反応した。

その中でも、その後強力にクリスパー・キャス9の応用と改良に取り組んだのがMIT（マサチューセッツ工科大学）とハーバード大学が設立した、ブロード研究所のフェン・チャン博士の研究チームだった。クリスパー・キャス9がヒトの細胞や動物の細胞でも働くことを確認。さらに改良を加えていった。技術としての可能性や汎用性が示され、クリスパー・キャス9の応用が本格的に始まった。

二〇一二年の発表からわずか二年で、世界中でクリスパー・キャス9を使った実験が行われるようになり、ゲノム編集のエースとも言える技術として認められるようになった。二〇一五年には、ノーベル賞の有力候補と噂されるまでになっていた。これほど短期間に注目と普及を遂げた技術は極めてまれだ。そして誕生して間もない技術ゆえに、クリスパー・キャス9は今も改良が続けられ、進化を続けている。

「ガイド」と「はさみ」、クリスパー・キャス9の仕組み

ゲノム編集が大きく注目されるようになったのは、まさにこのクリスパー・キャス9という技術が開発されたからだ。その特徴は、正確な遺伝子操作が極めて簡単に行えるようになったところにある。

クリスパー・キャス9は、大きく二つの要素から出来ている。RNAで出来た「ガイドRNA」と呼ばれる部分と、DNAを切断する酵素であるキャス9と呼ばれる部分だ。

ガイドRNAは文字通り、DNAのどの部分を標的として切断するのか案内するガイド役だ。ガイドは、RNAの機能をうまく利用している。RNAはDNAと同じ核酸ではあるが、その役割は異なっている。DNAは主に核の中で情報を保存している。一方のRNAはその情報の転写、つまり写し取る働きをしている。そのためにRNAは、DNAの配列に相補的に結合することができる。

RNAは、四つの塩基、アデニン（A）、グアニン（G）、シトシン（C）、ウラシル（U）が並んでいる。それぞれの塩基が、DNAの塩基と結合するのだ。DNAのアデニン（A）に対してはRNAのウラシル（U）が、DNAのグアニン（G）に対してはRNAのシトシン

（C）といった具合に結合する相手が決まっている。これを「相補的結合」と言う。例えば、RNAでアデニン（A）、グアニン（G）、ウラシル（U）という配列を入れると、DNAのチミン（T）、シトシン（C）、アデニン（A）というDNAの配列に結合する。

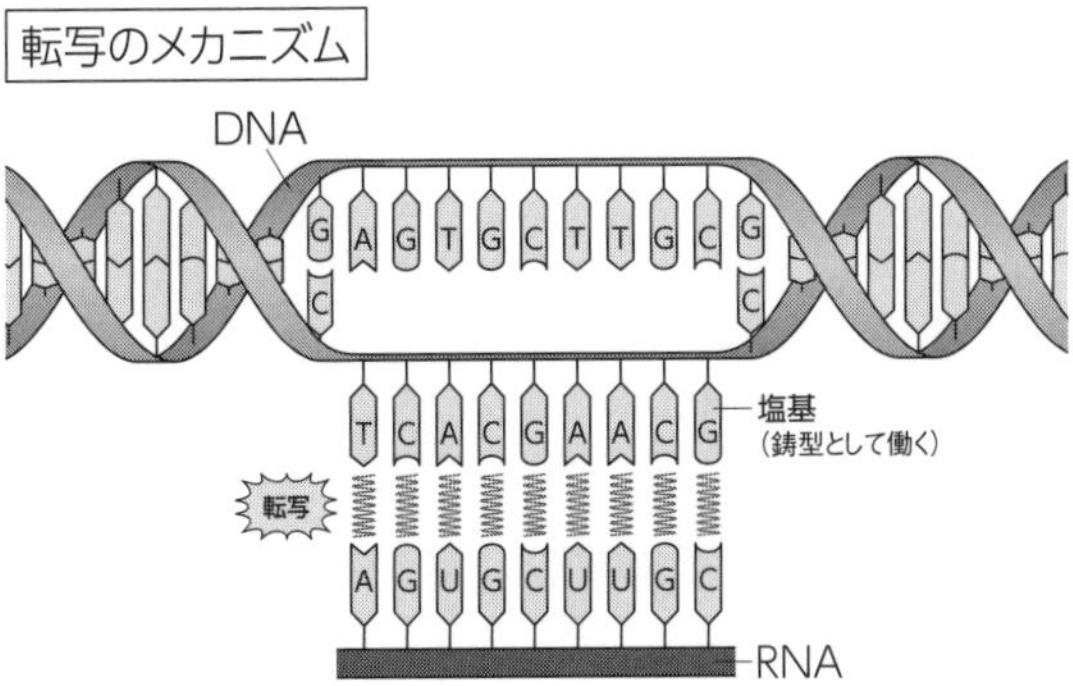

クリスパー・キャス9はRNAが持つこの特徴を活かしている。例えて言うならば、図書館のデータベースの検索機能だ。読みたい本があるのだが、その本は広い図書館のどの書架にあるのかわからない。そこで、データベースの検索ワードに、読みたい本のタイトルを打ち込んで検索をかける。何万冊もある本の中から、タイトルが一致した本の置かれた場所が探し出される。

これと同じようにRNAを使う。本のタイトルは二〇の塩基の配列だ。この配列と相補的に一致する並びをDNAの中から探し出す。ヒトであればゲノムは三〇億対の塩基の並びで出来ていて、すべての細胞の中に約三〇億塩基対のDNAがあるので、この中から二〇塩基のタイトルとぴったり一致

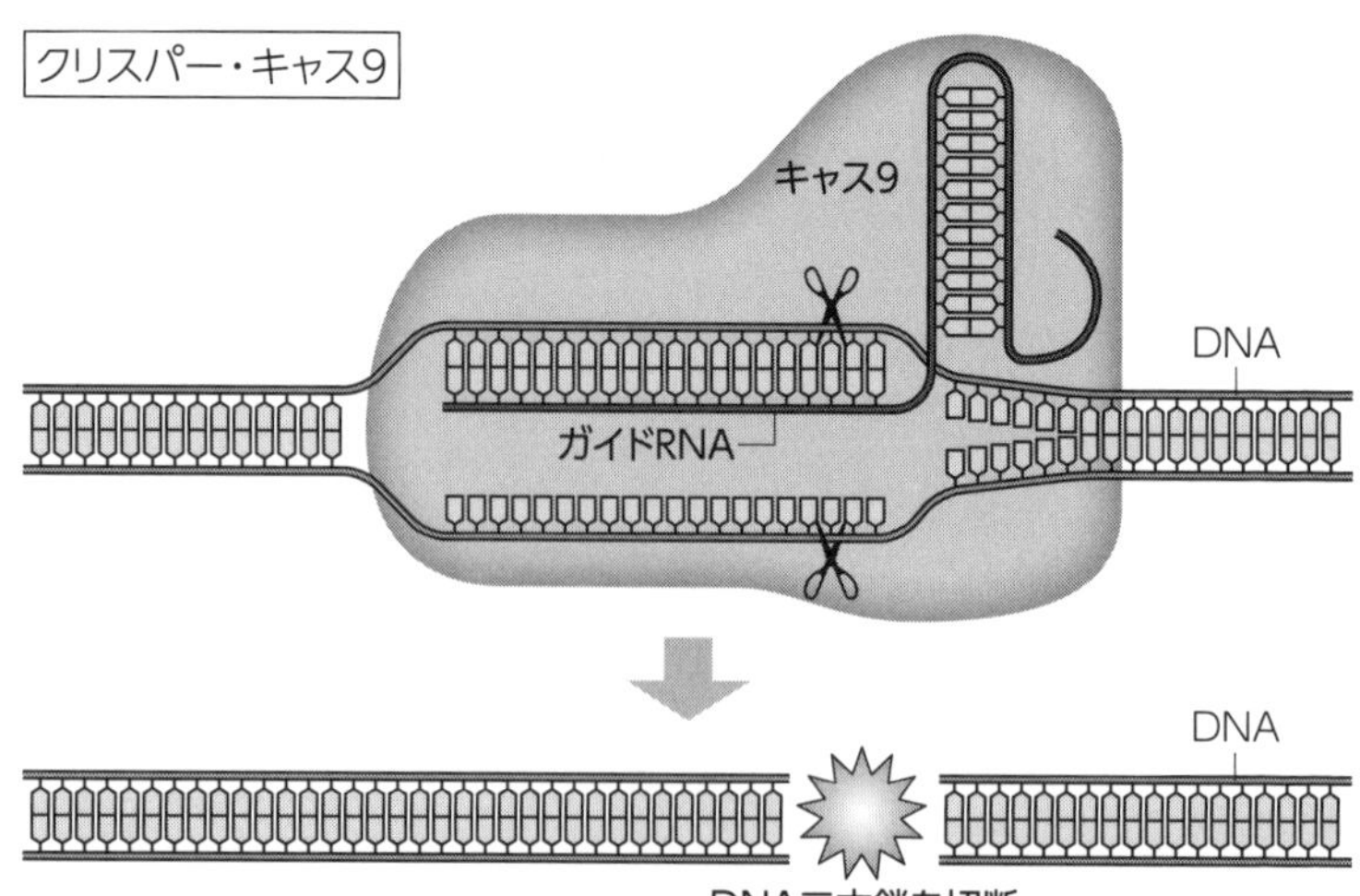

するＤＮＡ配列を探し出してくれる。「探し出す」と言うと、不思議な感じがするかもしれないが、塩基同士がぴったりと結合する場所に移動するというイメージだ。近い配列に引き寄せられることもあるが、よりぴったりと結合できる場所があるとそちらに移る。最終的にはぴったりと一致する配列を探し出したことになる。

そのガイドＲＮＡは、ＤＮＡの二本鎖を切断する酵素（制限酸素）であるキャス９と、一つの複合体を形成する。これを、遺伝子操作をしたい細胞に送り込むと、目的のＤＮＡの配列を探し出し、キャス９がＤＮＡを切断するのだ。

細胞には、ＤＮＡが切断されると修復しようとする機能が備わっている。元の配列と同じ配列に修復すると、再びクリスパー・キャス９が働いて繰り返し切断してしまう。そのため、何度も修復しようとする中で、「修復ミス」が誘導され、元の配列と数塩基が変化してしまう。変化するとクリスパー・キャス9は切断をやめる。配列に修復ミスがあると、元の機能を発揮することはできない。こうしてねらった遺伝子をピンポイントで壊す（ノックアウト）ことができるのだ。

さらに、この技術では、ねらった場所に遺伝子を加えることもできる。クリスパー・キャス9と一緒に、新たに導入したいDNA断片を入れれば、切断した遺伝子の箇所で修復を試みる過程で、そのDNA断片を取り込んでしまう。まさに、遺伝子を切ったり、別の遺伝子をつなげたりと、〝編集〟できるようになったというわけだ。

今、RNAは極めて簡単に作製できる。第一世代や第二世代のゲノム編集でガイドとして使っていたタンパク質が、第三世代のクリスパー・キャス9では必要なくなり、RNAとキャス9を準備するだけで事足りるようになった。作業のプロセスは、これまでとは比較にならないほど容易になった。この手軽さが、クリスパー・キャス9の爆発的な普及の理由だ。

原理的にはすべての生物に応用可能

クリスパー・キャス9を中心としたゲノム編集の技術は、ほぼすべての生物で使えると考えられている。細菌やウイルスでもゲノム編集が可能であることがわかっている。動物については、ヒトやサル、マウスなどのほ乳類のほか、マダイやゼブラフィッシュなどの魚、カエルなどの両生類、コオロギなどの昆虫でもクリスパー・キャス9が働くことが確認されている。ヒト以外の動物では、主に、受精卵に対してゲノム編集を行っている。

受精卵に入れる作業自体は難しくない。第一章でメダカの受精卵にゲノム編集する様子を紹介したが、「マイクロマニピュレーター」という細い管を操作する装置を使う。受精卵に非常に細い管を差し込み、ガイドRNAとキャス9を送り込む。操作は非常に簡単で、大学の学部生がすぐにできるようになるものだ。

一方、植物では、動物の場合と事情が異なっている（第四章でも詳述）。植物には細胞壁があるため、クリスパー・キャス9を細胞の中に届けるのが難しいからだ。そのため、植物の場合には遺伝子組み換え技術を使ってガイドRNAとキャス9を発現する遺伝子を組み込んだ細菌

（ベクター、つまり遺伝子を導入する「運び屋」として働く）を細胞内に入れ込む方法が取られている。ベクターとしては、植物の遺伝子組み換えに使う「アグロバクテリウム」という細菌が用いられる。これは、一般的に行われている植物の遺伝子組み換え技術である。こうすると、その細菌が植物細胞の中でガイドRNAとキャス9をつくるのである。

そして、クリスパー・キャス9を細胞の中で働かせて目的の遺伝子の改変を行う。遺伝子を組み換えた部分については、「戻し交配」と呼ばれる、組み換え体ではない株との交配を行うことで、取り除く。手間はかかるが、現在の植物に対するゲノム編集はこうした手法が一般的だ。

最近では、細胞壁を物理的に突破するために、ゲノム編集のツールをごく小さな金属の粒に付着させ、「パーティクル・ガン」と呼ばれる装置で、細胞に打ち込んで入れる方法なども使われている。中国などでは、コメやコムギ、ダイズ、トマトなどで盛んに新しい品種の開発が行われているとされている。植物の場合では、より簡単に細胞の中にゲノム編集のツールを運び入れる方法の開発が大きな課題となっている。それを乗り越えたとき、植物のゲノム編集はさらに加速すると見られる。

どのケースでも前提となるのは、DNAの塩基配列がわかっていることだ。逆に言えば、その配列さえわかっていればゲノム編集ができる。

一方で、解決しないといけない課題もある。ゲノム編集は、ねらった遺伝子だけをターゲットにするとしているが、厳密に分析していくと、完全に一つの遺伝子だけをターゲットにしないケースがあることもわかっている。「オフターゲット作用」と呼ばれる現象だ。ねらった遺伝子以外を改変した場合は、思わぬ影響が出る可能性がある。今後、医療への応用をしていく際や、食品としての安全性を議論する際には、このオフターゲット作用は避けて通れない問題となるだろう。どのような条件だとオフターゲット作用を減らせるかも、重要な改良のポイントになる。

こうした課題があるにせよ、ゲノム編集が行われる生物は、どんどん増えることはほぼ間違いない。生物の遺伝子を読み解く技術は大きく発達し、安く簡単に行えるようになった。産業的に利用されている生物としては、大腸菌に始まり、ウシやブタなどの家畜もいるし、ペットとしてのイヌやネコなどもある。観賞魚なども希少性の高い品種に根強い人気がある。このほかに、これまで利用されてこなかった動物にゲノム編集をして新たな利用価値が生まれることもあるだろう。アイデア次第で勝負できる世界だ。これから、多くの生物でＤＮＡの解読とゲノム編集が両輪で進むと見られる。

ゲノム編集のメカニズムについてこの章の中で説明したが、原理だけを聞くと簡単に思った人もいるかもしれない。確かに原理は極めて簡単だ。「そんなことがなんで今までできなかったのか」と感じても不思議ではないだろう。

結論から言えば「細胞の中は、そんな簡単ではない」のだ。一種類の酵素だけを取り出して、試験管の中で作用させる場合には思った通りの反応を起こさせることは比較的簡単にできる。しかし、細胞の中には、その酵素を分解する酵素もあれば、DNAを修復する酵素もある。RNAを合成したり、分解したりする酵素もある。

原理を思いついたとしても、その通り細胞内で働かせることはとても難しい。その苦闘がゲノム編集開発の歴史だ。クリスパーとキャス9はほ乳類の細胞内でも効果的に機能を発揮した。しかし、「キャスのファミリー」と言われるよく似た酵素がいくつも発見されているが、ほ乳類の細胞の中でDNAを切断する機能を発揮できないものもある。やってみないと、有効に働くかどうかはわからない。それほど、細胞の中は複雑で、私たちの思い通りにはならないのだ。

日本はゲノム編集を応用して強みとせよ

さて、私たちにゲノム編集の技術を解説してくれた広島大学の山本卓教授の話に戻ろう。本章冒頭でも記した通り、山本教授がゲノム編集の技術に出合ったのが二〇〇八年。ゲノム編集の第一世代ZFNが海外の論文に登場するようになった頃のことだ。

山本教授は当時、ウニを使って、細胞がどのように出来ていくのかを研究していた。ウニの特定の遺伝子に光るタンパク質（GFP＝緑色蛍光タンパク質）をつくる遺伝子を組み込んで細胞内に分泌させ、観察しようとしていたが、従来の遺伝子組み換えでは正確にねらったところに組み込めないことが課題だった。

そして研究室のメンバーとともに研究に必要な技術を探す中で、辿り着いたのがゲノム編集だ。山本教授らは、およそ二年にわたる試行錯誤を経て、ZFNによる遺伝子の破壊に成功し、二〇一〇年にその成果を論文にまとめた。

ゲノム編集の第一世代ZFNが普及してまだ一〇年にもならない。にもかかわらず、すでに第二、第三世代が登場し、その進化はとどまることを知らない。山本教授は、ウニの研究を続けながらも、ゲノム編集という革新的な技術の国内での普及と正しい使用のサポートという活動に注力するようになった。

「今では、私がウニの研究者からスタートしていることを認識する人は少ない」と笑う山本教授。今後、日本は独自技術の開発と並行して、ゲノム編集の応用面での利用において強みを発揮していくことになるだろうと話す。企業の協力も仰ぎながら、ゲノム編集を産業に活かしていきたいと考えている。

クリスパーの発見は日本人研究者

クリスパー・キャス9の開発については、すでに紹介した。しかし、クリスパーのDNA配列を発見したのは、二〇一二年のクリスパー・キャス9についての論文からさかのぼること、二〇年以上も前に一本の論文を発表した日本人研究者が最初だった。現在、九州大学大学院農学研究院に所属する、石野良純（いしのよしずみ）教授がいた研究グループだ。

九州大学に石野教授を訪ねた。石野教授は大学の研究棟の入り口に迎えに来てくれ、研究室まで案内してくれた。休日ということもあり、研究室は静かだ。

聞きたかったことは、クリスパーを最初に見つけたとき、それがどのようなものだと思っていたかということだ。こちらの質問に丁寧に答えながら、石野教授はクリスパーの基本から解説してくれた。

元もと、石野教授は「極限環境分子生物学」と呼ばれる学問を専門としていた。極限環境分子生物学は、高温だったり、高圧だったりと、私たちがふつうに生活できる環境とは大きく違う、地底の奥深くや高温の熱水が噴出する場所で生息する「極限生物」を研究対象としている。そうした生物の特徴を解析して、有益な微生物を探し出したり、有益な機能を発見したりすることを目指していた。

大腸菌のDNAを解析していく中で、そこに奇妙な配列が含まれていることに気付いたという。数十塩基の短い配列が何度も反復するという特徴を持っていた。それが、クリスパーだ。石野教授のグループは、一九八七年に論文を発表したが、クリスパーとは直接関係のないテーマの論文だった。しかし、論文の最後にクリスパーの反復配列にあえて言及した。論文の中で、本題とは違うことを記述するというのは異例のことだ。なぜ、わざわざ触れたのか。理由を尋ねると、特徴的な配列がとても気になったと話してくれた。

「不思議なDNA配列でした。きっと何か特別な意味があるのだろうと考えました」

しかし、このとき、それ以上はこの配列を研究の対象にしなかったという。「もっと研究しておけばよかったですね」と話を向けると、「本当に、そう思います」と率直な気持ちを語ってくれた。

しかし悔しそうな表情をのぞかせた次の瞬間、笑顔に戻って「今、もっとすごいことを研究しているのです」とうれしそうに続けた。「ノーベル賞級ですよ」と言いながらも、取材の最後まで、それがどんな発見なのか話すことはなかった。そこには、研究の楽しみ方を知る、一人のベテラン研究者の姿があった。

石野教授は、こちらの的を射ない質問にも、的確にわかりやすく嚙み砕いて説明をしてくれた。彼の言葉からは研究への情熱や洞察力の深さが確かに感じ取れた。

石野教授がクリスパーの解明に取り組んでいたらどうなっていただろう。きっとその機能を解明して、キャス9にも辿り着いていただろうと思う。しかし、産業応用に積極的ではなかった当時の大学の雰囲気の中で、ゲノム編集にまで行き着いただろうか……。

クリスパー・キャス9につながる重要な発見は日本人研究者によるものだった。考えても仕方がないことではあるが、その事実に思いを馳せたとき、ゲノム編集をめぐる物語はさらに深く感じられる。

第三章

起爆剤、クリスパー・キャス9〜爆発的広がりをアメリカに追う

世界を変える力を秘めたクリスパー・キャス9。今、さらなる改良が世界中で行われている。その中で、最も結果を出している一人が前述したフェン・チャン博士だ。クリスパー・キャス9がヒトやマウスでも働くことを確認した研究者である。

「来年にもノーベル賞を取るかもしれない」「メールで依頼すると、面識のない研究者にも気前よくゲノム編集のツールを送ってくれる」「間違いなく天才だが、飾らない気さくな人柄」……。彼を知る日本の研究者たちの口を突いて出るチャン博士のイメージを一言で言えば、「すごいけどいいヤツ」。しかも、聞けば三〇代前半の若者というではないか。

チャン博士に会ってみたい。私たちはアメリカ東海岸・ボストンに向かうことにした。ボストンにあるジェネラル・エドワード・ローレンス・ローガン国際空港から車で一時間。市内を流れるチャールズ川の南、赤れんが造りのヨーロッパ風の建物が並ぶ旧市街からほど近くに、チャン博士の研究拠点はあった。

ＭＩＴの敷地の裏手に当たる一角にそびえ立つ、大企業の本社のような高層ビル。外壁を覆うガラス窓が昼間の太陽を反射してまぶしい。ここがハーバード大学とＭＩＴが共同で運営する研究施設、ブロード研究所。チャン博士はその主任研究員だ。

きっかけは『ジュラシック・パーク』

ブロード研究所は二〇〇四年に医療や生命科学に関する研究を行うために設立された。創設者は、ヒトゲノムの解読計画にかかわったMITのホワイトヘッド研究所のエリック・ランダー博士。閉じた研究室で行われる小さなプロジェクトには限界があると考え、医学・生物学・化学・工学など、様々な領域を横断して大規模な共同研究が行えるようこの研究所を立ち上げた。MITだけでなく、ハーバード大学やその系列の病院も参加し、現在、遺伝子工学をはじめとした多様な分野の最先端の研究を駆使して、病気のメカニズムの解明などが行われている。チャン博士がブロード研究所に入所したのは二〇一一年一月。以来、ゲノム編集技術の開発で世界をリードしてきた。

研究所に入り、受付を済ませると、私たちは研究所の中層階にあるチャン博士のオフィスに通された。一〇畳ほどの広さの角部屋で、二面ある窓からはボストンの街が一望できた。広い木製のデスクと書棚、部屋の中央には白い革張りのソファーセット。シンプルながら機能的でおしゃれなオフィス。さながらベンチャー企業の社長室といったところか。スタッフと打ち合わせをしていると、チャン博士がやってきた。

「ハーイ！」と、満面の笑み。ジーパンにスニーカー、黒いTシャツの上に水色のストライプシャツを着たチャン博士は手を差し出し、私たちスタッフ一人ひとりと握手を交わした。「若い……」。チャン博士はこのとき三三歳。スタッフの誰よりも若かった。

「私が遺伝子の操作に関心を持ったのはいつだと思いますか」

音声担当のスタッフがシャツの襟元にインタビュー用のピンマイクを付けている最中、チャン博士が話しかけてきた。「アイオワの小学校時代、映画鑑賞の授業で観た『ジュラシック・パーク』です」と楽しそうに続けた。

一一歳で中国から両親とともに渡米したフェン・チャン少年は、その後アメリカ中部のアイオワ州で育った。渡米直後、学校で観たスティーヴン・スピルバーグ監督のヒット作『ジュラシック・パーク』。彼は映画の中のワンシーンに強く心をつかまれた。琥珀の中に閉じ込められた蚊の中から恐竜の遺伝子を抽出して、再生するという場面。遺伝子を自在に操る科学者たちの姿に魅了されたフェン・チャン少年はその後、自身も科学者となり、遺伝子操作における最も効率のよい方法を編み出していくことになる。

「スーパーツール」が誕生するまで

チャン博士が世界の大きな注目を集めることになったのが二〇一三年二月。科学雑誌「サイエンス」に掲載された論文の中で、クリスパー・キャス9を使用すれば、熟練した科学者でなくともヒトやマウスの細胞の遺伝子を、自由自在に、ねらって切断できることを示した。二〇一三年以前に誕生していたクリスパー・キャス9だが、ヒトや動物の細胞でも使えることが大きな注目を集め、この論文をきっかけに世界中の科学者の間で大ブレイクすることになった。このため、世界では「クリスパー・キャス9は二〇一三年二月に誕生した新しい技術」と指摘する科学者も多い。

そもそもいかなる経緯で、チャン博士はゲノム編集の研究に携わるようになったのか。学生時代の研究にさかのぼって話してくれた。

「ゲノム編集に興味を持つようになったのは、大学院生のときです。当時、私は動物の脳を調べるための技術開発を研究していました。その研究テーマの延長線上に、ゲノム編集があったのです」

それまで動物の脳の働きを調べるには、死んだあとに脳を解剖する方法のほか、生きた動物に電気刺激を加える方法などが知られていた。しかし、それらの方法でわかることには限界があった。チャン博士は、スタンフォード大学のカール・ダイセロス博士の研究グループに参加して、動物の脳を、生きたまま直接調べる新たな方法を模索していたのだ。そして、研究グループは光を使って脳内のある特定の細胞群をコントロールし、生きている状態での動物の認知力やそれら細胞の機能を解明できることを発見した。それを基に開発したのが、「オプト・ジェネティクス」[★]と呼ばれる技術だ。動物の脳内の特定の神経細胞群内に、「光に反応するタンパク質をつくる遺伝子」を直接組み込むというものだ。うまくその遺伝子を組み込めれば、光を照射して光反応タンパク質を活性化させ、動物の脳の働きを検知できたり、さらには脳の働きをもコントロールできたりするという画期的な技術だった。

しかし、この研究において取りも直さず課題となっていたのが、どうやって遺伝子を入れ込むか、ということだ。そこでチャン博士らが辿り着いたのが、ゲノム編集の利用だった。彼らはすでに開発されていたゲノム編集の第一世代ZFN（ジンクフィンガー・ヌクレアーゼ）を使えばその課題を解決できるかもしれないと考えた。しかし最初に試したZFNは、使いこなすのが非常に困難であることが判明した。それで、より簡単に使えるゲノム編集の第二世代ターレンや第三世代クリスパー・キャス9を検討することになったのだ。

チャン博士はクリスパー・キャス9において、細菌が持つ免疫システムを研究することにした。第二章でも述べた通り、それまでに、ジェニファー・ダウドナ博士とエマニュエル・シャルパンティエ博士らの研究グループが大腸菌でクリスパー・キャス9が働いて遺伝子をねらった通り切れることを示していた。しかし、ほ乳類の遺伝子でも同じ効果を発揮するかどうかはわかっていなかった。そこで、チャン博士はマウスやヒトの細胞にクリスパー・キャス9を送り込んで、ねらい通り機能させるためにキャス9をどう設計すればいいか研究を重ねたのだ。

そして、「ヒト293FT細胞」という細胞の中に、遺伝子を切る酵素キャス9のほか、キャス9が働くために必要な配列「tracrRNA」や「pre-crRNA」「RNase」などの物質を入れ

★オプト・ジェネティクスを活用した脳の研究が、近年加速している。二〇一六年三月一七日付の、科学雑誌「ネイチャー」オンライン版に理化学研究所の利根川進・脳科学総合研究センター長らのチームが発表した次のような研究が、世界の注目を集めた。それは、アルツハイマー病のモデルマウスの失われた記憶を、オプト・ジェネティクスを用いて人為的に復元することに成功し、記憶を思い出せなくなるメカニズムの一端を解明した、というものだ。研究の成果をふまえて、利根川センター長は「アルツハイマー病患者の記憶は失われておらず、思い出せないだけかもしれない」と語っている。

（研究の概要は理化学研究所のウェブサイトに記されている。http://www.riken.jp/pr/press/2016/20160317_1/）。

ると、ねらった通りに遺伝子を切れることを突き止め、画期的な研究として注目を集めた。チャン博士のこの研究は二〇一三年二月の「サイエンス」登場以来、世界中で引用された。

現在チャン博士の研究室では、週に一〇種類近い、クリスパー・キャス9の新バージョンが誕生している。クリスパー・キャス9は、細胞内に存在するDNA分子の一種であるプラスミド[★]に組み込んで、細胞の中に送り込む。研究室では、このプラスミドを改変することで、はさみの役割を果たすキャス9を改良するなどの開発を行っているのだ。というのも、クリスパー・キャス9は、ゲノム編集を行う動物の種類や、細胞の種類などによって、異なるバージョンを使う必要があるからだ。

例えば、遺伝子を肺に挿入する場合と脳に挿入する場合では、必要となるバージョンは異なる。また、行いたい操作によっても異なってくる。例えば、遺伝子のあるDNAの二重らせんの鎖を二本とも切断しようという場合と、一本だけ切断しようとする場合では……、という具合だ。

「宝」が眠る冷凍庫

チャン博士の研究チームにはおよそ四〇人の研究者が参加している。そのうちの半分がアジア系、特に中国系が多い。残念ながら日本人はいない。研究室では、あまたの研究課題に対応して、あらゆる生物・細胞をゲノム編集できるように、膨大な数のクリスパー・キャス9のバージョンを開発し続けている。開発に成功すると、そのオリジナルはブロード研究所の中で金庫に保管される。その金庫を見せてもらえるか尋ねてみた。

「関係者以外、立ち入り禁止」の金庫に、研究助手のウインストン・ヤン氏が案内してくれることになった。ヤン氏も中国系の学生だ。ハーバード・メディカルスクールを卒業したあと、チャン博士の研究室の門を叩いたヤン氏。

「ゲノム編集は本当にエキサイティングさ」と話す彼の表情は楽しげで、ここでの研究が面白くて仕方がないという様子だ。ヤン氏の案内に従って研究室の奥に通じる狭い廊下を行くと、

★プラスミドとは細菌などの細胞内、染色体外に存在するDNA分子の総称。環状の二本鎖DNAで、自立的に増殖し、細胞分裂の際に親から子へ伝えられる。

大きな部屋に行き当たった。

扉の向こうには大型の冷凍庫十数台が並んでいた。これらが金庫の本体だ。「冷凍庫の中に、宝が眠っているのさ」。笑いながら、白衣の胸ポケットから大事そうに金属製の鍵を取り出した。この鍵は彼が保管しており、その保管場所を知っているのは、研究室でもほかに数人のみとのことだった。冷凍庫の扉を開けると、小さなチューブが入った各辺一〇センチの箱が所狭しと置かれていた。これらが、チャン博士が改良したクリスパー・キャス9のバージョンだ。ヤン氏が、そのうちのいくつかを取り出して見せてくれた。

「これはチャン博士が二〇一三年に初めてクリスパー・キャス9について論じた論文に出てくるバージョンだよ」

チューブのふたに手書きのマジックで「PX330」「PX335」と記された二本のチューブ。この二つのクリスパー・キャス9が、チャン博士が最初に開発したバージョンだった。この二つのバージョンは、今なお世界中の研究者から使用したいという依頼が相次いでいるのだという。

このほかにも、複数の遺伝子を同時に切断するために使うバージョンなどもあって、その数は六〇〇種類以上にも上る。

「これらのクリスパー・キャス9は、研究者たちが週に八〇時間以上かけてつくり出した貴重

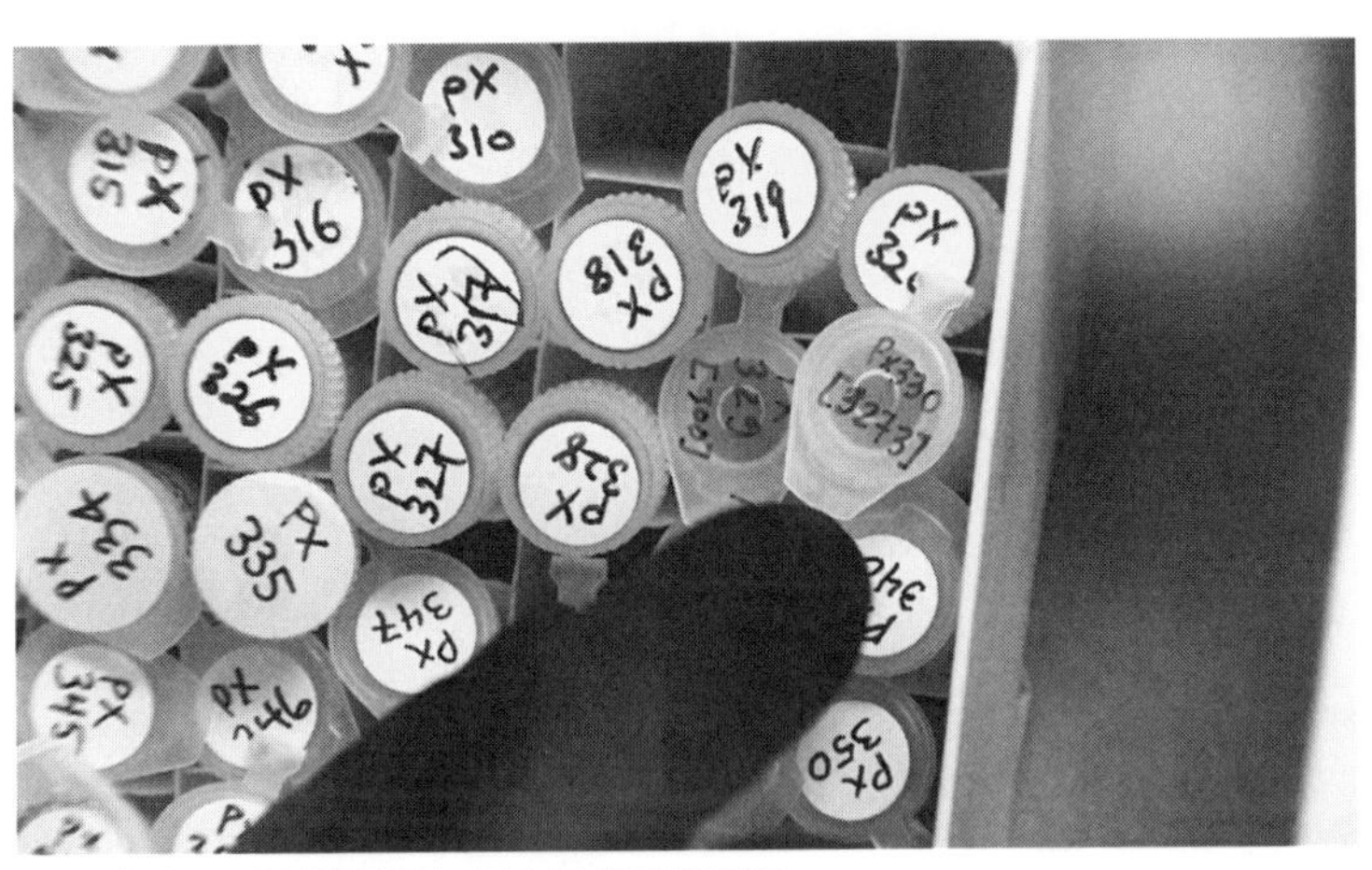

ヤン氏が指差しているのが「PX330」。中央やや左寄りに「PX335」

なものなんだ。そのオリジナルのすべてがここの冷凍庫にある。誰かが間違って、あるいは故意に持ち出して紛失したら、ブロード研究所にとって大変な損失なのさ」

ヤン氏は金庫の鍵を閉めて、改めて強調した。

がん治療への希望

クリスパー・キャス9の新たなバージョンを次々と開発するチャン博士を、アメリカのあるメディアは、「サイエンス・フィクションを科学的事実に変えた男」と呼んだ。また、別のあるメディアは、触るものをことごとく黄金に変えるギリシャ神話の王ミダスに例えて、「遺伝子工学のミダス」と呼んだ。

しかし、彼の研究はゲノム編集のツール開発にとどまらない。本業とも言うべき研究分野は、病気の原因究明と創薬である。元来行っていた、脳内での遺伝子の機能を探る研究に加え、特に力を入れているのは、がんの薬剤耐性のメカニズムの解明だ。チャン博士は、その大目標のためにゲノム編集ツールをいかに活用できるのか模索している。

「クリスパー・キャス9は、がんの複雑さとそのメカニズムを理解するための、非常に強力なツールとして役立つと考えています。例えば、がん細胞が薬への耐性を持つ原因となるのはどの遺伝子の影響なのか、一方、どの遺伝子の影響で感受性（薬剤の有効性）を持つのかを探っています。また、がん細胞の転移にどの遺伝子が影響しているのかを導き出そうとする研究もあります」

チャン博士は、すべての遺伝子やゲノムを一つひとつ観察できるよう系統的に研究を行っているおかげで、がん細胞が薬剤の影響を逃れるために、どんな〝トリック〟を使う可能性があるのか、わかり始めてきたという。そして今後、がんについての非常に包括的な治療法を開発することが可能になるだろうと目算を語った。

「私たちはこの研究をまだ始めたばかりですが、新たな治療法の開発が実現しようとしています。おそらく二年……あるいは数年のうちに、がん治療を変革するようなデータがそろうことになるでしょう。これにより、皮膚がん、肺がん、肝臓がんなど、様々ながんについて、創薬の基盤となる知識が得られるようになるはずです」

チャン博士は、医療分野での研究を加速させるため、ゲノム編集による創薬開発を行うベンチャー企業・エディタス製薬を二〇一三年に創設した。共同設立者の中にはクリスパー・キャス9のシステムを解明したジェニファー・ダウドナ博士も名を連ねている。

「クリスパー・キャス9は研究や開発の方法を劇的に変えつつあります。その影響はこれから出てくると思いますし、創薬の分野においては、新しい薬の有効性を検証する方法にすでに影響を与えています」

約束していた取材の時間もそろそろ終わる。チャン博士に暇(いとま)を告げると、彼はゲノム編集の可能性について最後に熱っぽく語った。

「クリスパー・キャス9は、すでに生物学の研究に大きなインパクトを与えていると思います。これは『世界を変えること』なのです。一〇年後に今を振り返り、『クリスパー・キャス9が世界にどのような影響を与えたか』と問えば、この技術が生物学の研究のあらゆる領域で使われたことに気付くことになるはずです。今まさに革命が起こっています。この道は途切れることなく続いていくでしょう」

ゲノム編集ツールを、ネットで

これまで繰り返してきた通り、ゲノム編集、中でもクリスパー・キャス9の登場は大きな衝撃として世界中の科学者に受け止められ、急速に広がっていった。このクリスパー・キャス9の普及には、実はもう一つ理由があった。それは、あるウェブサイトの存在である。パソコンかスマートフォンがあれば、世界中どこにいても数クリックで好きなクリスパー・キャス9のバージョンを注文できるシステムだ。注文するとわずか数日で商品が届く。あとは切りたい遺伝子のガイドRNAを自前でつくって組み込むだけ。ただ、これも注文することができる。ネット通販Amazonのようなサービスなのだ。ウェブサイトの名はアドジーン(addgene)。アメリカのNPO法人が運営している。チャン博士の取材を終えた私たちは、滞在先のホテルからパソコンで注文を試みた。

アドジーンのサイトを開くと、上のほうに「注文の方法How to Order」という項目が出てくる。それをクリックすると「注文の説明Ordering Instructions」が現れ、それを開くと、アドジーンで注文するための説明書きが出てくる。

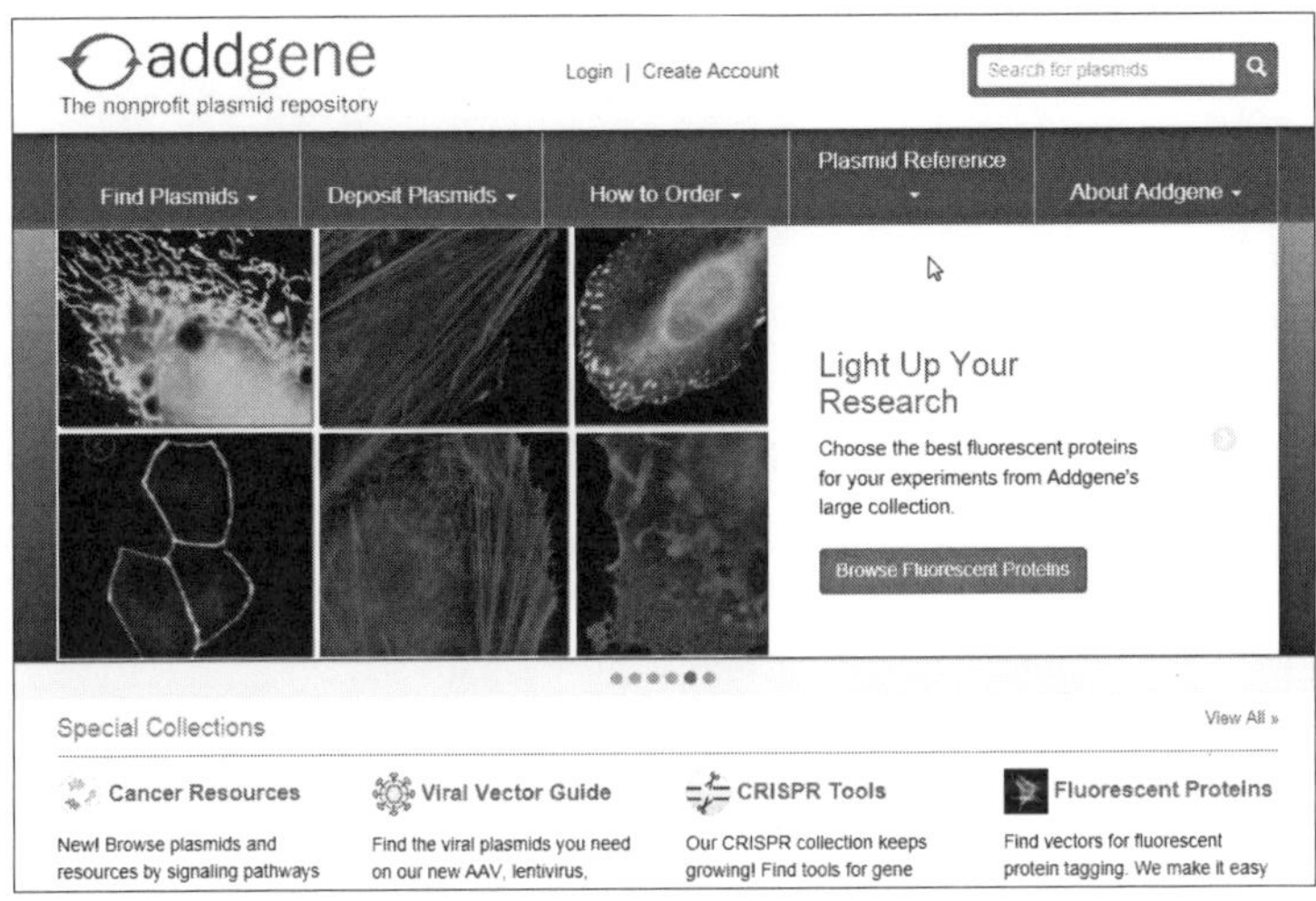

アドジーンのサイトのトップページ。画面中央上部に「How to Order」とある
（https://www.addgene.org/）

注文は基本的にオンラインで受け付けており、電話やFAXでの注文は受け付けていないとの記載があった。そのため、注文するには自身の情報を入力してアカウント登録をする必要がある。アカウントの登録から発注までのプロセスをわかりやすく説明した動画での説明も付いていた。これに従って、さっそくアカウント登録に挑戦した。

まず「登録 Register」をクリックすると、ステップ①「国を選択 Select Your Country」と出た。「日本 Japan」を選んでクリックすると、ステップ②「あなたの所属機関のタイプを選択 Select Your Organization Type」と出る。これは二択になっていて、「研究機関 Academic／非営利 Non-Profit」、あるいは「企業 Industrial」を選ばなければならない。ここで「研究機関」をクリックすると、日本のたくさんの大学の名前が出てくる。その後ステップ③として自分の所属する学部名をクリックし、次に進む。ここでも、選んだ大学のあらゆる学部名が一覧として出てくるので、自分の所属大学学部名を選んでクリックする。そうすると、なんと学部に所属する教授・准教授の氏名がずらりと並ぶのだ。そこで、自分の指導教員の名前を見つけてクリックする（ステップ④）。ここまでやって、自分の名前やメールアドレス、電話番号を入れるページに移動できる（ステップ⑤）。

ちなみに、ステップ②「あなたの所属機関のタイプを選択」で、「企業」を選択すると、アステラス製薬、タカラバイオなど、日本の製薬会社やバイオテクノロジー関連の企業名が出てくる。そしていずれかをクリックすると、ここでも研究者の氏名が登場する。

注文方法の動画によると、アカウントの登録が終わったら、注文のページに移動できるようになっていて、ほしいクリスパー・キャス9の種類を入力すると発注できる。彼らはこれを「カタログ」と呼んでいる。注文したくても、自身の研究にどのようなクリスパー・キャス9のバージョンが適しているかわからないという場合は、サイトに記載されたメールアドレスまたは電話に問い合わせれば、担当者が調べて教えてくれるサービスも。なんとも至れり尽くせりな「クリスパー・キャス9のオンラインサービス」なのである。

ちなみに、クリスパー・キャス9のカタログなるものをのぞいてみた。人気のゲノム編集ツールのランキングがあったので、人気ナンバー1のものをクリックすると、「商品紹介」のページが登場。そのクリスパー・キャス9の構造の詳細な図式、作製した研究者の名前などが記載されている。価格は一律六五ドル（一ドル一〇〇円換算でおよそ六五〇〇円＋送料）。安い、というのがおそらく正しい感想だろう。そして「カートへ Add to Cart」のボタン。本当に、Amazon のようだ。これなら研究者も簡単に発注できるはずだ。

このサイトを運営するアドジーンはいったいどのような組織なのか。クリスパー・キャス9を世界に拡散させているこのシステムはどのようなものなのか。その普及にどのように貢献しているのか。私たちはアドジーンのオフィスを訪ねることにした。

四万種類のゲノム編集ツール

アドジーンは、チャン博士のラボがあるブロード研究所から徒歩で一五分ほどの距離にあった。ＭＩＴのメインキャンパスの裏手に位置するブロード研究所。その周辺には、最先端の遺伝子研究で世界を率いるホワイトヘッド研究所や、世界大手の製薬会社などが軒を連ねている。

まさに、「バイオ研究の街」といった雰囲気が漂う。そうしてその高層ビルの合間を縫うように、小さなバイオベンチャー企業がオフィスを構えているのだ。アドジーンも、そんな谷間の低層のビルにあった。

私たちを出迎えてくれたのは、あざやかな黄緑色のジャケットを着た女性、ジョアンヌ・ケーメンズ氏。アドジーンの経営のトップを務めている。二五年以上製薬会社などでバイオテクノロジーの専門家として研究に携わってきた経験を活かそうと、アドジーンに移ったという。ケーメンズ氏は急な取材の依頼にもかかわらず、快く対応してくれた。

「ホームページに載っていたクリスパー・キャス9のカタログを見て来た」と言うと、ケーメンズ氏は広いオフィススペースを通り抜けたフロアの奥に案内してくれた。

「あなたたちが見たいのはこれかしら?」

巨大な冷凍庫が何十台も並ぶ部屋だった。冷凍庫ならブロード研究所にもあったが、ここのは規模が違った。とにかく大きくて、台数が多いのだ。言ってみれば、「業務用」という感じか。大勢のスタッフが黙々と働いていた。そして、全員が真っ黒なTシャツを着ていた。よく見ると背中に「addgene」のロゴ。このTシャツが制服なのだろう。

冷凍庫と作業台の間を行き来する間、スタッフは皆走っていた。猛スピードで冷凍庫に突進し、中から何かを取り出し、急いで扉を閉め、また猛スピードで作業台に戻る。何をそんなに急いでいるのか。驚いて見ていると、ケーメンズ氏が解説してくれた。

「冷凍庫の中のサンプルを取り出して、その一部を別の容器に移し替える作業をしているの。冷凍庫の中はマイナス八〇度よ。そこからサンプルを出して、また戻すまでの時間を極力短くするためにダッシュで走っているの」

マイナス八〇度で保存されているもの、それがまさにクリスパー・キャス9の様々なバージョンだった。

撮影のために、ケーメンズ氏は特別に冷凍庫を一〜二分間、開けてくれた。大きな扉の中には、小さな箱がびっしり整然と並ぶ。その中に、小さなプラスチック製のチューブがおよそ一〇〇個入っている。チャン博士のところで見せてもらったあの〝お宝クリスパー・キャス9〟と似ている。違うのは、その圧倒的な数だ。

小さなチューブ一つひとつには、バーコードが埋め込まれており、それが何なのか、どの冷凍庫のどの箱に入っているべきものなのか、がわかるようになっている。

研究者にとっての宣伝・流通メディア

チャン博士を取材したことを伝えると、ケーメンズ氏はある冷凍庫に連れていってくれた。

「これらのチューブに入っているのは、ヒトの遺伝子を切るクリスパー・キャス9よ。チャン博士がつくって寄託してくれたものなの」

寄託されたクリスパー・キャス9は一〇〇種類を超える。聞けば、ここアドジーンにあるクリスパー・キャス9などのゲノム編集のツールは、世界中の研究者が寄託してくれたものだという。チャン博士がクリスパー・キャス9についての論文を二〇一三年に発表して以来、さらなる改良版とするべく、世界中の研究者が新しいバージョンの開発を競って行っている。彼らは新しいバージョンが出来るたびに、科学誌にそれを論文として投稿するわけだが、その際にアドジーンにサンプルを寄託するのだ。

寄託することで研究者側にも大きなメリットがある。自身が開発したクリスパー・キャス9のバージョンを、ウェブサイトを通じて世界中に広がる販売網に乗せることができるからだ。日本からも研究者がクリスパー・キャス9の新バージョンを開発しては寄託してくるということだった。

「うちのサイトにアクセスすれば、世界中の研究者が日々開発しているクリスパー・キャス9のあらゆるバージョンを簡単に安く手に入れられるという仕組みなの」

確かにネットの注文方法は簡単だ。価格も、バイオ企業が販売するものに比べておよそ

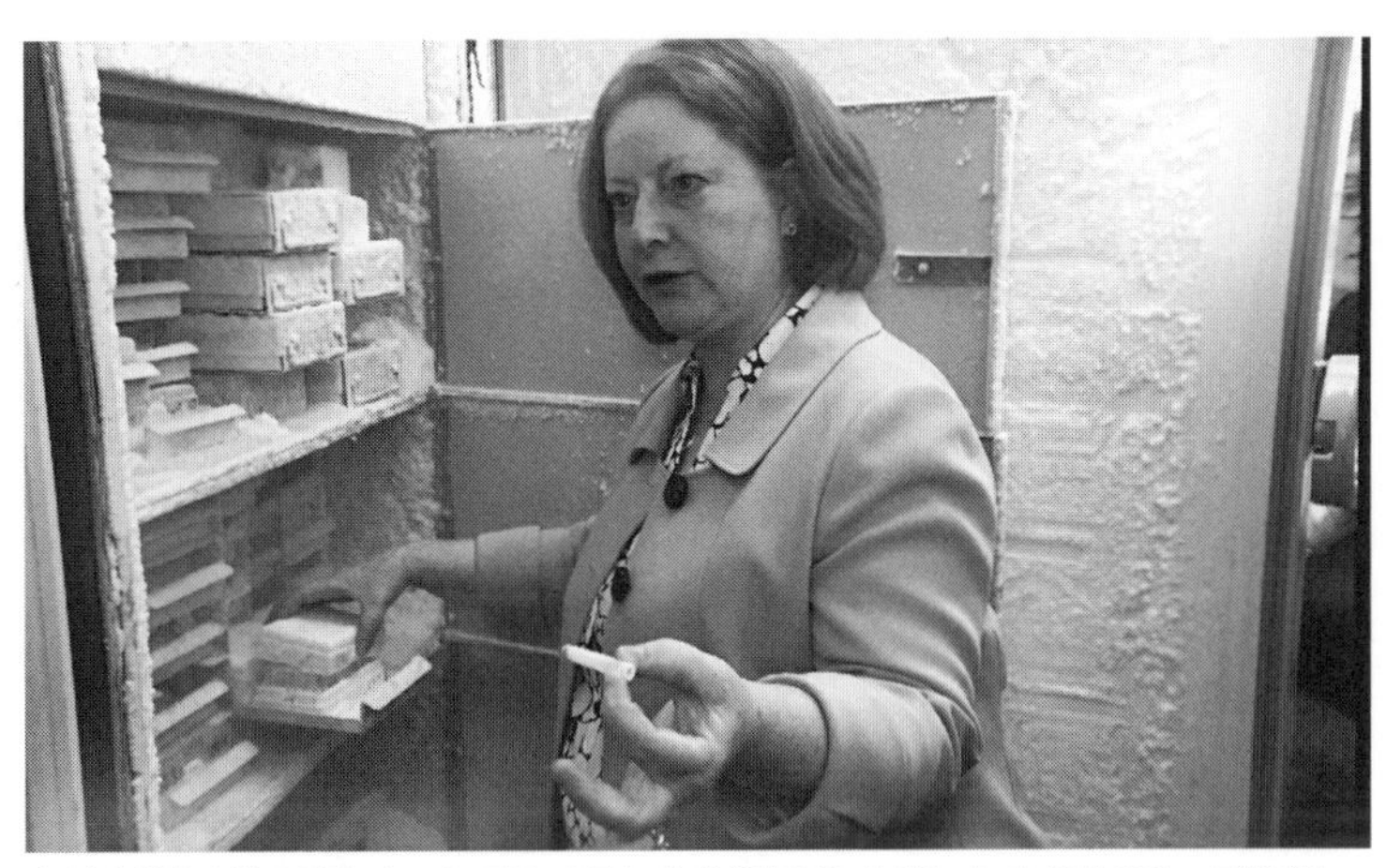

冷凍庫を特別に見せてくれた、ケーメンズ氏。中には、ゲノム編集のツールが入った、たくさんのチューブが並ぶ

一〇〇分の一と破格の安さ。ただし、注文を受け付けるのは学術的研究が目的の場合に限るという制約付きだ。そういえば、私たちもアカウントを登録しようとした際に、自身の所属する研究機関と指導教員を選択しなければならなくて断念したのを思い出した。登録システムで制限しているということか。ケーメンズ氏に尋ねてみると、そうだと言う。

研究目的に関してのみ、格安で販売するという条項がNPO法人としてのアドジーンの規約に盛り込まれている。そのしばりがあるからこそ、世界中の研究者が自身の開発したものを寄託してくれるのだという。

では、商業目的に使いたい場合はどうすればいいのか。

「その場合には、使いたいクリスパー・キャス9

を開発した研究者や研究機関に直接依頼して、正式に購買することになるわね」

アドジーンのサイトに記載された研究者のメールアドレスに連絡して、権利処理や正規の価格での購買手続きを行うことになるのだ。あるいは、商業用のクリスパー・キャス9を取り扱う企業を通じて入手する。いずれにしても、価格は一気に一〇〇倍以上に跳ね上がる。つまり、アドジーンのシステムは、使い勝手のよいクリスパー・キャス9など、ゲノム編集のツールを世界に格安で紹介する〝お試し〟システムであり、寄託した研究者にとっては自身が開発したものの宣伝・流通メディアでもあるのだった。

Amazon並みの配送システム

アドジーンが創業するまで、このようなビジネスモデルはバイオテクノロジー業界には存在しなかった。特許の付いている細胞や遺伝子を使いたい場合は、その権利者である研究者や研究機関に直接問い合わせて交渉する必要があった。入手するだけで大きな手間と費用がかかるため、「研究でちょっと試してみたい」というレベルの場合には、ハードルが高かったのだ。

それを、「誰でも簡単にお試し価格で」入手できるようにしたのがアドジーンだった。このビジネスモデルを考え出したのは、創業者の三人。ケネス・ファン博士とメリーナ・ファン博士、そしてベンジー・チェン博士。三人とも三〇代の中国系アメリカ人だ。

ＭＩＴの博士研究員だったベンジー・チェン博士が、煩雑極まりなかった遺伝子などの購入を手軽にしたいと考えて創業したのがアドジーンだった。世界中から最新のゲノム編集ツールを集め、保管し、注文を受け付け、瞬時に世界のどこへでも配送する。Amazon のようなシステムをつくり上げたのだった。

そのアドジーンご自慢の一つが、迅速な配送システムだというので、作業場を見せてもらうことにした。注文が入ると、小さなチューブに小分けされた商品が、その日のうちに段ボール詰めされて世界中に送られていく。これらの段ボールもすべてバーコードで管理されており、世界のどの研究者が何をいつ注文したか、記録がすべて残るようになっている。黒いＴシャツを着たスタッフたちが、クリスパー・キャス９の小さなチューブのバーコードを読み取らせては、山のように積み上げた段ボールの箱に、次々に梱包していた。

世界各国から寄せられる注文は一日平均二〇〇〇件、毎日世界三八か国に輸出しているとのことだった。

「ゲノム編集はとっても簡単よ！」――たった二分の作業

アドジーンの近くの研究施設で、アドジーンが販売するクリスパー・キャス9を使っている研究者を取材させてもらうことにした。女性の研究者が細胞培養の装置の前に座り、ヒトの細胞（ヒーラ細胞という子宮がん由来細胞株）のゲノム編集を行っていた。私たちが訪れたときは、培養液に入った細胞にクリスパー・キャス9を大きなピペットを使って振りかけているところだった。

「ゲノム編集といっても、大げさなものじゃないの。細胞に、クリスパー・キャス9の液を振りかけて、そのあと、細胞を温度が三七度に保たれているインキュベーター（細胞培養装置）に四八〜七二時間、つまり二〜三日入れるだけ。それで細胞の中のねらった遺伝子が切れるのよ」

実際の手順としては、（一）アドジーンのホームページでクリスパー・キャス9のプラスミドを購入。（二）ねらうDNAの塩基配列に特異的に結合するガイドRNAをつくる。（三）（二）を（一）に組み込んでゲノム編集したい細胞に振りかける。以上である。アドジーンでクリスパー・キャス9を購入した段階で九割はゲノム編集できたようなものだという。ねらった遺伝子が切れているかどうかは、一二時間経つと確認できるそうだ。

その研究者がゲノム編集を行っているところを撮影した。準備も含め、わずか二分ほどしかかからなかった。そのアクションを撮り損ねそうになって、カメラマンが慌てた。インキュベーターにゲノム編集を施した細胞の入ったシャーレを入れ終わって、研究者は私たちにこう言った。

「ご覧の通り、とても簡単でしょう。この簡単さこそがエキサイティングなのよ！」

エキサイティング。今回のアメリカ取材で、この言葉をいったい何度聞いたことだろう。どんな生物のどんな遺伝子でも自在に編集できるこの技術は、研究者たちにとって確かに「エキサイティング」なのだろう。

日本にも代理店も

Amazonを思わせるシステマティックなビジネスのスタイルを築き上げたアドジーンだが、販売はサイトだけで行っているだけではない。アジア数か国には代理店も置いている。実は、日本にも代理店があった。ゲノム編集のツールは、遺伝子組み換え関連商品とみなされ、輸入の際にそれなりの手続きを要する。そのため代理店に購入を依頼することで、こうした手続きを省略できるメリットがある。英語のサイトで購入するよりも、簡単に、場合によってはスピーディーにクリスパー・キャス9を入手できるわけだ。その日本の代理店になっているのが住商ファーマインターナショナル株式会社。私たちは、東京・中央区晴海のオフィスを訪ねた。

同社は元もと医薬品や食品などの輸出入や販売のほか、創薬支援ツールとしての動物・植物・微生物の細胞などを輸入販売している。アドジーンからクリスパー・キャス9を輸入代行しているのは創薬事業本部だ。

過去三〇年以上にわたり、同社は世界最大のアメリカの生物資源バンクATCC（American Type Culture Collection）の日本における代理店を務めてきた。一九二五年に設立されたATCCは、保有する細胞株三四〇〇種以上、酵母やカビなどの微生物株七万二〇〇〇種以上、遺伝子株に至っては約八〇〇万種類に及ぶ、世界中のバイオ研究者に広く利用される、いわば「バイオの銀行」だ。そのATCCとパートナーシップを築いている住商ファーマインターナショナルの実績に注目したアドジーンが、数年前に声をかけてきたのだという。クリスパー・キャス9の普及など、急拡大する「ゲノム編集ビジネス」。同本部の創薬支援グループの乙黒敬生（おとぐろたかお）氏は、その市場をつくったのがまさにアドジーンだったと話す。

「これまでなら、遺伝子でも細胞でも、特許を研究者や企業が囲い込むのが常識でした。そのため、使用するには権利を保持している研究者に直接交渉して入手するしかなかった。『お試しでちょっと使ってみる』ということができなかったのです」

とりあえず試して、「いいな」と思ったらおおもとの権利保持者に交渉する、というシステムをつくったのがアドジーンだったことは前にも書いた通りだ。乙黒氏によれば、その結果、過去に例がないほどのスピードでゲノム編集の技術は世界中の研究者に行き渡り、競うようにして改良が重ねられた。開発競争の速度と密度が飛躍的に増したのだ。そこに、アドジーンが果たした役割は極めて大きいという。

さらに、乙黒氏はゲノム編集のビジネスでの活用が今急速に広がり始めていると指摘した。畜産、農業、さらには医療。幅広い領域でゲノム編集の技術が導入されているというのだ。

「ゲノム編集の実用化、それは近い将来の話ではなく、今私たちの身近でまさに始まっていることなのです」

実用化への取り組み。研究開発の最先端ではいったい何が起きているのか。その実態を明らかにしなければいけない。毎日の食事や病院での治療。未来の私たちの暮らしは、ゲノム編集という技術の登場によって、今とは異なるものになっているはずだから。

通常より一・五倍大きいマダイを誕生させた京都大学の木下政人助教。クリスパー・キャス

9という革新的な技術の効果を増大させたフェン・チャン博士。彼らは、こう言った。これは世界を変える技術なのだ、と。取材を重ねていくにつれ、その言葉の意味するところが、現実味を帯びてきたように思えた。

第四章

加速する「ゲノム品種改良」

ゲノム編集でウシをつくっている研究者はアメリカにいた。二〇一四年一一月、私たちはアメリカ南部・テキサス州の牧場にいる一頭のウシの取材に向かった。今でこそ、テキサス州と言えば、石油産業や宇宙産業のイメージがあるが、過去にはウシの放牧で栄えた土地。牧場が延々と続き、あたりは一面の草原。その一角に目的地があった。

幾重にも施されたゲートを抜けて車で入ると、牧場主と思しき大柄の中年男性が迎えてくれた。「ようこそ、再生科学センターへ」。大きく笑うその男性はチャールズ・ロング博士。テキサスA&M大学の科学者で、ウシにゲノム編集をした本人だ。

ロング博士が牧場の奥にある牛舎に案内してくれた。そこにいたのは大きな白いウシ。背中にこぶがあって、ふつうのウシと少し違う。

「テレビで紹介されるのは今回が初めて。このウシのテレビデビューですね!」

ロング博士は冗談めかして言った。ウシはネロールという種類の肉牛だった。暑さと病気に強く、南米を中心に世界で広く飼育されている品種だ。

「ネロール種は、アンガスやヘレフォードといった欧州が原産のウシだったら、あっさり死んでしまう暑い過酷な環境下でも生き延びられる牛種なんです」

畜産の常識を覆すウシ

しかし、ネロール種には一つ欠点があった。肉牛のわりに肉付きがよくないのだ。そこで、ロング博士たちは、このウシにゲノム編集を行うことを考えた。そしてある遺伝子に注目した。動物や魚などに存在し、筋肉の成長を調整する、ミオスタチンだ。第一章でもミオスタチンの働きを抑制することで肉付きのよいマダイをつくる試みを紹介した。この遺伝子が機能しないと、筋肉量は増加する。

ロング博士らは、このウシが生まれる前の受精卵の段階でゲノム編集を行い、ミオスタチンが機能しないよう、これを切断した。元もと、このミオスタチンが自然に変異(突然変異)したウシを、繰り返し交配し、品種改良したベルジアン・ブルー種というウシ(ベルギー原産)は存在していた。通常のウシより筋肉量が多く、食肉として流通している。また、アメリカでは、人工の遺伝子を生体の外から導入して、ミオスタチンを機能しなくする研究が、アメリカン・ブルーという肉牛で行われている。いわゆる「遺伝子ドーピング」という技術で、これによって筋肉が大きく盛り上がった肉牛をつくれるようになった。しかし、遺伝子ドーピングは、あくまでも局所的に筋肉を増やしていく方法である。ロング博士らは、すべての筋肉で、生ま

肉付きがよくなるようゲノム編集が行われたネロール種のウシ（手前）

れたときからミオスタチンが機能しないウシをつくろうと考えたのだ。

その結果、ウシは通常より大きく育ちつつあるようだ。私たちが訪れたとき、ウシは一八か月で一八〇〇ポンド、およそ八一六キログラム。月齢のわりに大きく育っていると説明された。ロング博士によるとこのウシは、すでに通常のネロール種に比べて腰回りを中心に筋肉の量が二倍に増えたという。

「このウシはとてつもない潜在的な可能性を持っているのです。私たちがゲノム編集をしたこうしたウシが、世界中の牧場で飼育されているところを想像してみてください。わくわくしますよね。遺伝子を一つ細工しただけで、畜産の常識を覆すような革命的な変化をもたらすことができるのですから」

ロング博士は、今後このウシの子孫を増やして、アジアやアフリカなど、食料難に苦しむ熱帯地域に売り込む計画を語った。ちなみに、ネロール種だけでなく、将来は和牛などでも同様の試みを行う予定だという。

このウシは、広い牧場の中で、同時に生まれた双子の雌牛と一緒に飼育されていた。牧草も豊富で非常によい飼育環境と言える。まるで王子様のように大事に育てられているという印象だった。そのためか、ウシの表情も穏やかでペットのような人懐っこい雰囲気を醸し出していた。ロング博士は撮影の合間、このウシにしきりに語りかけていた。

「お前は世界中でたった一頭のウシなんだよ、バディー」

ロング博士らのプロジェクトは、ゲノム編集を得意とするベンチャー企業との共同研究だった。聞けば、その企業では、ほかにも、様々な家畜にゲノム編集を行っており、将来畜産ビジネスを変えるキープレイヤーと目されているとのこと。ゲノム編集はどのようにビジネス活用されているのか。その企業を訪ねることにした。

研究者からベンチャー企業CEOへ

リコンビネティクス社はカナダと国境を接するアメリカ北部・ミネソタ州にあった。スーツにネクタイ姿の恰幅のよい男性が迎えてくれた。かつてミネソタ大学動物科学部で准教授を務めていたCEOのスコット・ファーレンクルッグ氏は、同大学で博士号を取得。アメリカ農務省の食肉動物研究センターで分子遺伝学者として働いた経験もある。

ファーレンクルッグ氏自ら、会社の中を案内してくれることになった。そこは、ボストンのブロード研究所やNPO法人のアドジーンなどと、同じ光景が広がっていた。顕微鏡にシャーレ、ピペット。白衣を着た研究員たちが黙々と作業をしている。ただ、これまでの研究所と決定的に違うのが、ここでつくっているもの。様々な動物の受精卵にゲノム編集を行い、これまでにない家畜をつくり出しているのだ。

長い間、家畜遺伝学の分野で研究を続けてきたファーレンクルッグ氏。ゲノム編集が数年前に登場したときは、ミネソタ大学で教鞭を執っていた。この技術の登場を契機として、二〇一三年にこの会社を設立した。

「ゲノム編集の存在を知ったとき、私はあまりにも興奮して、大学を辞めることにしました。

自分の手で、この技術とその可能性を世界中に広げようという気持ちになったからです。それが自分の使命だと考えました。そしてゲノム編集は、これまでの畜産分野が目標としてきた品種改良をさらに促進できると確信したからです」

角のないウシ、病気に強いブタ

彼らがつくっているのは、畜産業において〝有益〟な家畜ばかりだ。テキサスで私たちが見たあのムキムキのウシはこの会社が共同研究で生み出したまさに第一号の製品、ということになる。

「世界では約一〇億人もの人が飢え、栄養失調に陥っています。今後さらに地球の人口は三〇億人増えるという試算もあるのです。ゲノム編集は、人類が食料問題に立ち向かうためのオプションを提供していると思います。私たちは、限られた数の動物からより多くの食物を得る必要があるのです。二〇五〇年までには食料の生産を二倍にしなくてはなりません。もし半分の数の動物でそれを成し遂げることができたら、驚くべきことです」

会社の研究室を回っていると、廊下にいろいろな家畜の写真と論文の断片を掲載したパネルが並んでいるのが目に留まった。ファーレンクルッグ氏にその解説をお願いした。

ブタの写真。「これは病気、特に熱病に強いブタです。まさに開発中のものです」

ウシの写真。「メタンガスを従来より少なく排出するウシ、つまりゲップをあまりしないウシをつくっています。メタンガスは地球温暖化に悪影響を及ぼしますから。私たちは家畜にゲノム編集を行い、人類が抱える課題を解決したいのです」

何とも恐れ入った。ゲノム編集にはそこまで可能性があるのか。壮大なビジョンに圧倒されてしまう。


さらにファーレンクルッグ氏は、現在開発に力を入れているウシについても話を聞かせてくれた。それは「角のない乳牛」。乳牛というのは本来、角がある。しかし実は、酪農家にとって、角は悩みの種だ。角があることで、ウシ同士が傷つけ合ったり、人間が農作業を行う際にけがをしたりする危険性があるからだ。そのため酪農業ではある段階でこの角を切る。しかしアメリカでは、ウシの角を切る作業中に人が死んでしまった例がある。ウシにとっても角を切られるのは大変な苦痛だそうだ。この角切りの作業をしなくても済めば、農家にとって大きな手間と費用を省略でき、ウシにとってもハッピーになる――「角のないウシ」という発想はここから生まれた。

ただこれは彼らのオリジナルのアイデアではない。これまでも世界中の科学者が、「角のないウシ」をつくり出す遺伝子はないか研究を行ってきた。そして数年前にドイツの研究グループが、一部の肉牛に存在する「角のないウシ」を調べ、どの遺伝子が関係しているのかを明らかにした。これまでの品種改良の方法であれば、乳牛と、角のない肉牛を掛け合わせる「交配」の方法が取られただろう。しかし、交配では、それぞれが持つよい性質、つまり乳牛の「良質な乳をつくり出す性質」、そして肉牛の「良質の肉が取れる性質」の双方とも失われてしまう危険性がある。

しかも、実際、肉牛と乳牛を掛け合わせると、その子孫のウシが牛乳を生産する能力を取り戻すまでに、最低でも実に一五年から二〇年かかる見込みで、そうした品種改良プログラムを実行に移すことはおよそ現実的ではなかった。

そこで、ファーレンクルッグ氏らは、ゲノム編集を使うことで「角をつくらない」という遺伝子だけをピンポイントで取り込むことを考えた。「良質な乳牛の性質」を維持したまま、「角のない肉牛の遺伝子」を取り込み、短時間で「角のない乳牛」をつくり出せるのではないか――。

そのやり方はこうだ。角のある乳牛から細胞を取り出す。それをゲノム編集の技術で「角をつくる」遺伝子に切り込みを入れ、働かなくさせる。そしてゲノム編集で切り込みを入れたところに、「角をつくらない」肉牛の遺伝子を入れる。この細胞の核だけを、核を取り除いた未受精卵に移植することで、「角のない乳牛」が生まれる。

ファーレンクルッグ氏の話では、「角のない乳牛」は、間もなく一頭目が生まれる予定とのことだった（二〇一六年五月、ファーレンクルッグ氏の研究グループは、科学雑誌「ネイチャー・バイオテクノロジー」オンライン版で「角のない乳牛」が誕生したと発表している）。投資家とすでに売買契約の交渉を始めていた。大きなビジネスチャンスの到来だ。

「フランケン牛」ではない

「角のない乳牛」を撮影したい！　ファーレンクルッグ氏に頼んでみたが、あっさり断られてしまった。アメリカの消費者を意識してのことだった。すでに、アメリカの一部新聞メディアから、「角のないウシ」について「フランケン牛」だとの批判が上がっていた。彼らは、消費者の理解が進まない段階で、否定的なイメージが先行することを恐れていた。

「私が特に気にかけているのは、一般市民の認識と理解です。私たちは消費者に対し、正しい情報を伝え、理解してもらえるように、かなりの時間を費やしています。そのために現在世界中の食品規制当局と協議し、一般の方々に彼らが正しい情報を伝えることを促しています。ゲノム編集は、これまで世間で注目を集めてきたほかの技術とは異なるものだということを示そうとしているのです。この技術は不確実な遺伝子組み換えとは違い、正確に遺伝子を編集する技術なのです。遺伝子を無差別に変えるわけではありません」

ほかの品種改良技術とゲノム編集は違う。ゲノム編集は、「情報技術」であり、この技術によって誕生したものを遺伝子組み換え生物として分類してほしくない。これがファーレンクルッグ氏の主張だった。

「私たちは、この技術についての情報が断片的にしか伝わらず、人々が感情的になって拒絶してしまうことを最も危惧しています。世界には、この技術を必要とする人々がいます。彼らにその恩恵がもたらされるのが遅れる可能性があるのです」

私たちの取材が終わったらすぐにウガンダやケニアに商談に出かける予定だというファーレンクルッグ氏。その目指すところは、あくまでも地球の食料問題の解決だった。彼は最後にこう付け加えた。

「現代は一九八〇年の頃とは別世界なのです。DNAはかつてほど神秘的なものではなくなりました。ゲノム編集という驚くべき技術の登場で、私たちはその将来性に気づかされています。私をわくわくさせるのは、それがSFの世界の話ではもはやないということなのです」

ジャガイモの芽には毒がある

食料の分野でのゲノム編集の応用は日本国内でも進んでいる。第一章で、マダイの研究について紹介したが、今回は同じ食べ物でも植物の話である。すでにゲノム編集された作物が登場している。その一つが、ジャガイモだ。

研究グループを率いるのは大阪大学大学院工学研究科の村中俊哉(むらなかとしや)教授。ジャガイモと言うと、すでに大量に生産されている印象がある。味も問題なく、様々な料理に使われているが、いったい何をどう改良するのだろうか。

二〇一四年一〇月、私たちは大阪大学の工学部がある吹田キャンパスにいた。キャンパスは広大で、敷地内を車で移動できるよう道路が通っている。村中教授の研究室は、JR茨木駅から向かうと大学の一番奥、千里門の近くに構えられていた。

研究室に入ると、目の前に研究用の机や実験道具が広がっている。いかにも「研究室」という雰囲気だ。奥の部屋に通されると、村中教授が出迎えてくれた。秘書の机とミーティング用の机、それにホワイトボートがあるこぢんまりとした部屋。準備が整うと、村中教授はさっそく、ホワイトボードを使って説明を始めた。

村中教授たちの行う研究は、「ソラニン」や「チャコニン」という物質をつくらないジャガイモの開発だった。ソラニンとチャコニンは、ジャガイモの中に含まれている天然の毒素だ。私たちはジャガイモを調理するときに、ふつう、芽の部分を取ってから使う。その理由がまさにソラニンやチャコニンを除去するためなのだ。

ソラニンやチャコニンは、ジャガイモの芽や緑色になった部分に多く含まれている。これらを多く含むジャガイモを食べてしまうと、吐き気や下痢、腹痛、頭痛など、様々な症状が表れる。症状は早いときには食べて数分、遅いときには数日後に出ることもあるらしい。驚いたことに、大量に食べると命にかかわる場合もあるそうで、農林水産省のＨＰによると、主に小学校の調理実習などで、ソラニンが原因と考えられる食中毒が毎年のように起きているという。

「私たちがスーパーで買うようなジャガイモは大丈夫です。芽が出ないように光が当たるのを避けたり低温で管理されたりしていますから。基本的にはまったく問題ありません。ただ、その分、コストがかかります。もう一つ例を挙げると、ポテトチップス。たくさんの人がジャガイモの芽を摘み取る作業をしています。かなりの手間と、当然人件費がかかるわけです。また、学校や家庭でジャガイモを育てようとすると、毒が出てくる可能性もあります。ゲノム編集で元もと毒のないジャガイモをつくれば、こうした問題をクリアできます」

「感染」が毒素からジャガイモを救う

村中教授はこれまでジャガイモの代謝の流れの研究に理化学研究所のグループなどと共同で取り組んでいた。この中で発見したのが「SSR2」という遺伝子で、ソラニンとチャコニンの生成に関係していることを突き止めた。もし、この遺伝子を働かなくさせればソラニンとチャコニンがつくられなくなるのではないか。そこで村中教授はゲノム編集を使うことにした。

しかし、問題はその先にあった。一般に、植物には「細胞壁」という細胞を取り囲む固い壁があり、細胞そのものを外から守っている。動物のように細胞膜という柔らかな膜で覆われただけの細胞に、外からターレンやクリスパー・キャス9を注入すればすぐにゲノム編集できるというわけではないのだ。動物と植物ではゲノム編集をする際に大きな違いが存在する（第二章に詳述）。

そこで、村中教授が考えた方法は、まず植物に「感染」する細菌を使ってゲノム編集に必要なターレンを、植物の細胞の中でつくり出す方法だ。具体的に説明していこう。

使われるのは第二章でも紹介した「アグロバクテリウム」という土壌細菌。この細菌は植物

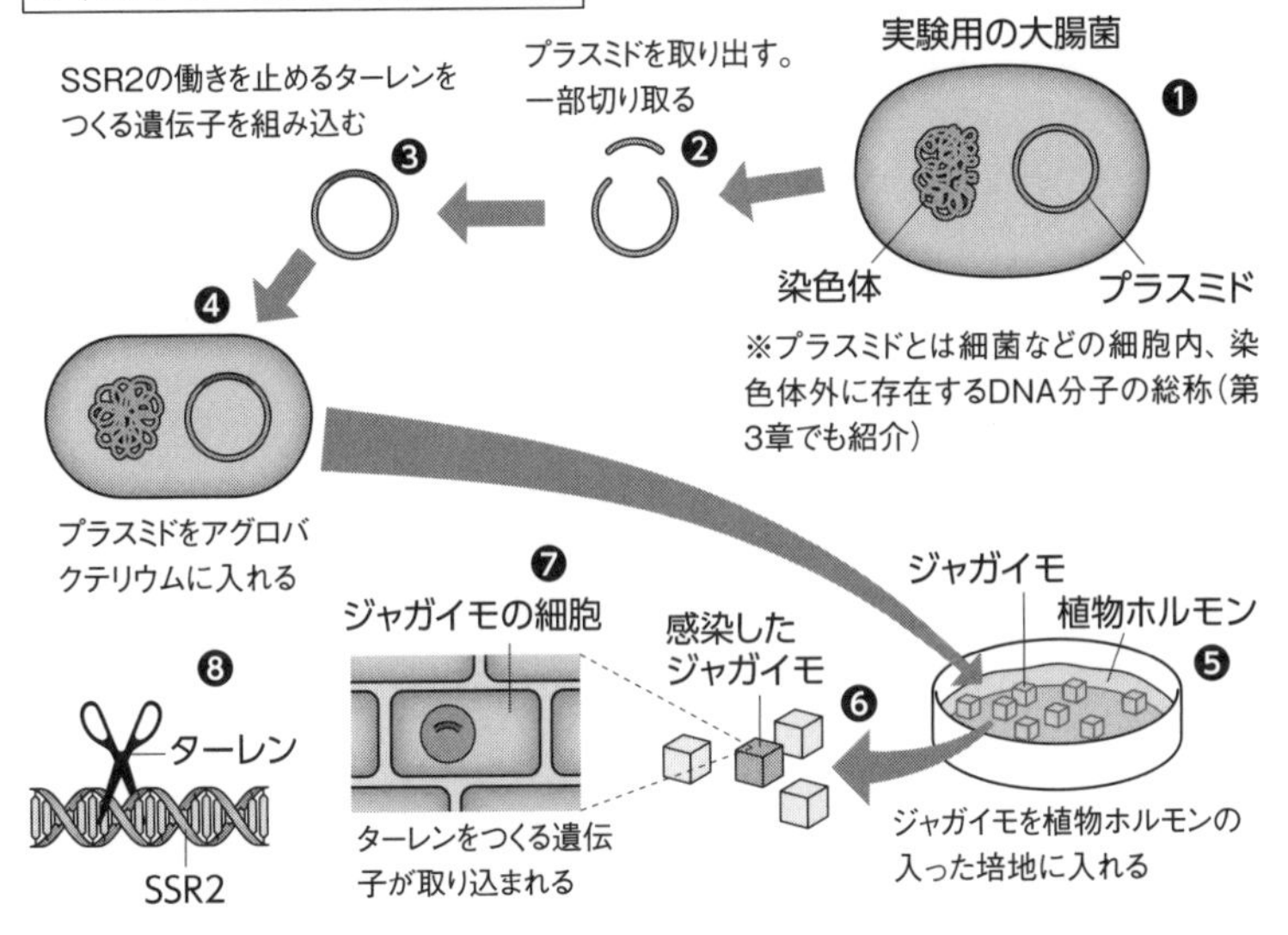

に感染し、自分の遺伝子の一部を感染した植物の細胞の中のゲノムに入れ込み、自分が生きていくのに必要な栄養分をつくらせる働きを持っている。この細菌の性質を利用しようと考えた。

まず、この細菌のDNAの中に「SSR2の働きを止めるターレンをつくる遺伝子」を組み込んでおく。そしてジャガイモを細かく切って、植物ホルモンが入った培地に入れ、そこに細菌を入れる。すると、この細菌はジャガイモに感染し、そのうちの一部でジャガイモの遺伝子の中にターレンの遺伝子が組み込まれるのだ。細菌がターレンの遺伝子をジャガイモのゲノムに送り込む運び屋（ベクター）として働く。組み込まれたターレンの遺伝子はジャガイモの細胞の中でターレンをつくり出す。そして、出来たターレンがねらった遺伝子を壊すという仕組みだ。

しかしターレンがねらった場所――SSR2の部分を正確に壊していなければ、目的の遺伝子の働きを抑えることはできない。研究グループで確認を行った結果、細菌に感染したジャガイモのうち一割程度で目的のゲノム編集が起こっていることがわかった。

細かく切られたジャガイモの切片を植物ホルモンに漬け込むと、「不定芽」と呼ばれる芽が出てくる。大きくなってきたら植物ホルモンを含まない培地に移して栽培し、さらに土に植え替えてジャガイモをつくる。ソラニンとチャコニンがつくられない「毒のないジャガイモ」の出来上がりだ。毒の量を調べたところ、ソラニンもチャコニンも、一〇分の一程度の量に抑えられたという。芽をいちいち摘み取らなくても体調不良を引き起こさない程度の量とのことだ。

遺伝子組み換え作物に立ちはだかる壁

研究員の一人がゲノム編集されたジャガイモを見せてくれた。当然のことだが、毒があるかどうかは外見ではわからない。見た目はまったくふつうのジャガイモだ。

「実は、まだこの方法だと遺伝子組み換え食品ということになります。今後は細胞壁を取り去ってゲノム編集する方法も試してみたほうがいいかもしれない」

今の手法だと、単に遺伝子を壊すのではなく、ターレンの遺伝子などがジャガイモの遺伝子の中に組み込まれているので、結果として、遺伝子組み換え食品ということになるのだという。

村中教授は、今回の方法でジャガイモをゲノム編集したとしても、大腸菌や土壌細菌のアグロバクテリウムがヒトに感染する恐れはないし、ターレンの遺伝子が組み込まれた状態のままであってもふつうのジャガイモと何の変わりもないと強調した。しかし、一方で、消費者の中には遺伝子組み換え食品に抵抗を持つ人が根強くいる。その点で言えば、ゲノム編集という技術についても、このケースのように別の遺伝子を組み込んでいる限りは同じである。まだ消費者に受け入れられるかは未知数なのだ。そのような状況を想定して、村中教授は遺伝子組み換えの技術を使わずにジャガイモをゲノム編集する手法の開発が必要だと考えている。

この問題をクリアするために、細胞壁を取り外してしまい、ゲノム編集を行う方法についての論文が韓国で発表された。この方法ならば、ジャガイモのゲノムの中にターレンをつくる遺伝子を組み込むことなくゲノム編集ができるようになる。また、遺伝子組み換えをしていない個体と掛け合わせて次世代のジャガイモをつくる「戻し交配」の方法（第二章参照）で、ターレンをつくる遺伝子を抜いてしまうという手法もあるという。村中教授は、今後はこうした方法も検討しながら、より市場に出しやすくなるよう工夫していきたいと話す。

そして、最終的には遺伝子組み換え作物を受け入れる社会となってほしいというのが村中教授の希望だった。新たな遺伝子を組み込むタイプの品種改良には、大きな可能性があるからだ。

さらに、村中教授は、SSR2の機能を止める以外の「毒のないジャガイモ」をつくる方法についても教えてくれた。別の遺伝子を目標としても、毒を抑えることができるというのだ。しかも、もう一つ利点があって、その遺伝子の働きを抑制したジャガイモは、アルツハイマー病にもプラスの効果を期待できるという。もしこれが実現すれば、画期的なことだ。新たな性質を与えることで、作物の付加価値を高めていくことも、ゲノム編集に期待される効果なのだ。

植物へのゲノム編集の可能性

村中教授は、植物の品種改良において、ゲノム編集が大きな可能性を秘めていると話す。例えばジャガイモの場合、同じ働きを持つ遺伝子が一つの細胞に四つある。ちなみにヒトの場合は同じ働きを持つ遺伝子は二つずつあり、それぞれ働きをカバーしている。従来の方法、つまり品種を掛け合わせることで品種改良をするには、偶然を待って四つの遺伝情報が書き換わることを期待しなければならない。ジャガイモのように四つある遺伝子のうち一つの情報が変わったとしても、ほかの三つが正常のままであれば働きをカバーしてしまって、なかなか品種改良できないという。また仮に一つの遺伝子の情報が変わったとしても、正常な個体と掛け合わさって次の世代になると、再び正常なほうの遺伝情報が引き継がれ、品種改良につながらないことが多い。

しかし、ゲノム編集を使えば、うまくいけば四つの同じ働きを持つ遺伝子をすべて壊すことが可能になる。品種改良の確度とスピードが格段に上がることが期待できるのだ。

近い将来、「毒のないジャガイモ」と宣伝されたジャガイモたちがスーパーの店頭に並ぶのだろうか。大阪大学では別の研究室でもゲノム編集を使った研究が進んでいるという。裾野は広い。今後も新たなゲノム編集作物が誕生する余地は大いにあるだろう。

「戦略的イノベーション創造プログラム」とは何か

こうした動きを国も後押ししようと、すでに動き出している。

中心になっているのは、内閣府だ。二〇一四年に「SIP＝戦略的イノベーション創造プログラム」を立ち上げた。このプロジェクトは、エネルギーや農業など一一の分野にわたって構成されていて、将来的に必要となるであろう新しい技術の開発を進めている。ゲノム編集技術に関する内容は、このうちの「農業分野」に含まれている。農業分野の取り組みの柱は大きく三つ。一つ目は、ITなどを活用した「スマート農業」の推進。二つ目は、「作物の品種改良」。そして三つ目が、「新しい商品の開発」だ。この三本柱の計画にのっとって、様々な研究機関から寄せられた取り組みのうち、実現が可能だったり将来性があったりするものを採択する。そして五年後をめどに成果を出すよう求めている。

ゲノム編集は、二つ目の「作物の品種改良」に入る。様々な農作物などで収穫量を上げるなど、どう機能的に改良できるかがポイントだ。

それにしても、国はなぜこのような取り組みに着手したのか。その背景として、農業の担い手が大幅に減少していたり、企業による農業生産が拡大されたりするなど、農林水産業や食品産業を取り巻く環境が大きく変わりつつあることが挙げられる。また外国産の作物との競争も激しさを増している。こうした流れの中で、国は品種改良によって、競争力のある農作物の開発を目指しているのだ。しかし、これまでのように長い時間をかけて品種改良に取り組むわけにもいかない。限られた時間で、確実に成果を出す必要があるのだ。

このときに役立つと考えられているのがゲノム編集である。効果的に使えば、様々な作物や生物の品種改良にかかる時間は大幅に短縮される。また、望み通りの品種へと改良することも可能かもしれない。今は一部の研究室がゲノム編集に取り組んでいるが、国は将来的にこうした技術を種苗会社など民間企業の商品開発にもつなげていきたいと考えている。研究レベルにとどまらず、実際の商品販売に至るまで、具体的なビジョンを描こうとしているのだ。

このプログラムで先進的に考えられているのは次の三つの品種改良だ。

一つ目は、コメの品種改良。コメの分野では、これまでもいかに狭い土地でたくさんの収穫量を確保できるか、という研究が行われてきた。現在は改良されてもみの取れ高が多い品種に、さらにゲノム編集を行い、平均の取れ高を増やす研究を行っている。コメにはもみの数や粒の大きさを調整する遺伝子など、もみの量にかかわる遺伝子が複数あるという。こうした遺伝子を複数壊すことで、収穫量を上げることができると期待されている。また、主食用のコメだけでなく、動物のエサになる飼料用のコメでも品種改良の研究が進められている。

二つ目は、高品質なトマトをつくり出すことだ。一般にトマトはとても腐りやすい。出荷にあたって、できるだけトマトが日持ちするよう、青い状態のうちに実を収穫して、輸送している間に成熟させるなどの努力と工夫が求められてきた。しかし、そのやり方には、甘みが少なくなってしまうというデメリットがあった。今、進められているトマトの改良が成功すれば、甘みもある成熟した状態でトマトを収穫することも可能になるかもしれない。また、トマトは、ハチや薬剤を使って人工的に実をつけさせるが、そのコストが課題となっていた。今回の研究では、こうした手間のかからないトマトへの改良も進んでいる。このほか「甘いトマト」や「抗酸化作用が強いトマト」など、複数の品種をつくる研究が進められているという。

そして三つ目は、「おとなしいマグロ」の開発。マグロは気性が神経質なことで知られている。例えば養殖しようとしても、狭い生けすの中で、別のマグロを攻撃して、体に傷が入ってしまうことがある。また雷が発生するとパニック状態になり、壁に激突したりして、多くのマグロが死んでしまうというのだ。このマグロの性質をゲノム編集で改良しようという研究が進められている。脳のホルモンバランスを制御している遺伝子を変えることで、より穏やかな性質へと変えようとしているという。

いずれも私たちの生活にとても身近な存在で、改良が進めば暮らしにも大きく影響してくることになるだろう。これ以外でも、おそらく食用の生物のゲノム編集は次々と行われていくことになるはずだが、国が主導して進めるモデルケースとして、この三つの研究がどこまで結果を出すことができるのか注目していきたい。

藻から生まれるバイオ燃料

ゲノム編集の実用化への試みはエネルギー分野でも始まっている。東京は文京区春日にある中央大学のキャンパス。研究棟の一角でエネルギー源として使える藻を栽培しているというので私たちは取材に向かった。

案内してくれたのは、理工学部の原山重明（はらやましげあき）教授。ピンク色の光が照らす水槽には、緑の物体がゆらゆらと浮かんでいた。その物体がお目当ての藻、緑藻類の一種だ。実はこの緑藻は多くの油を含んでいる。自身のエネルギー源を油とデンプンの形で蓄えていくのだ。緑藻を乾燥させた上で、油がよく溶ける液体である溶媒に浸けて蒸留すると、藻の中の油を抽出することができる。そしてもし、大量に抽出できれば自動車の燃料にも使えると原山教授は解説してくれた。

「バイオディーゼルと呼ばれるものを藻からつくり出す、ということです」

この藻、一個一個は実に小さい。五ミクロン、一〇〇〇分の五ミリメートルの大きさとのこと。この中のどこに油があるのか、不思議に思って尋ねてみると、原山教授は顕微鏡をのぞいてみるよう私たちに言った。顕微鏡の向こうにあったのは楕円形の藻の姿。半透明の藻の細胞の中に、オレンジ色の丸い玉が見えた。それが油だ。

この油を、より多く藻につくらせるにはどうすればいいか。前述の通り、藻はエネルギー源を体内で油とデンプンの形で蓄える。原山教授は一〇年ほど前、デンプンをつくる機能をなくせば、藻の中の油の量が増えるのではないかと考えた。エネルギー源をデンプンとしてではなく、油として蓄えるしかなくなるからだ。このアイデアを実現するにはデンプンをつくる遺伝子を壊す必要があった。

それは簡単なことではなかった。藻の遺伝子は一万個を超える。その中からデンプンをつくる遺伝子を壊すために、放射線や化学薬品にさらしてみた。何千回、何万回試して、初めて壊すことができるという偶然に頼ったやり方で、原山教授は藻がつくる油の量をある程度増やすことに成功した。

しかし、この方法では遺伝子をねらって壊すことができないため、ほかの遺伝子にもダメージを与えてしまう。さらに、損傷してしまった遺伝子も多くなり、採取できる油の量は頭打ちになっていた。

メーカーとの連携――油の大量生産に向けて

そんな状況に突破口をもたらしたのがゲノム編集だった。この技術を使えば、一万を超える藻の遺伝子の中からデンプンをつくる遺伝子だけをねらい通り壊せる。実験を行った結果、藻がつくる「時間あたり」の油の量が一・五倍にまで増えた。正確には、藻の中で油の分量が劇的に増えるわけではない。増やすことができるのはあくまでも時間あたりに藻がつくり出す油の量である。油をつくるスピードが上がり、生産性が高まるということだった。

「生産性という意味では、かなりの効果が期待できると考えています」

原山教授は、ゲノム編集という技術の可能性についてのポジティブな評価を与えるとともに、次のように付け加えた。

「私たちの研究というのは、長い階段を一歩ずつ上っていくようなもの。様々な分野の研究者に興味を持ってもらうことが大事です。多方面からいろいろなアイデアを投入していかないと本当の意味での実用化は難しい。この研究の仲間を増やしていくということが次の一歩かなと思っています」

その一歩を原山教授はすでに踏み出していた。自動車部品メーカーのデンソーとの共同研究

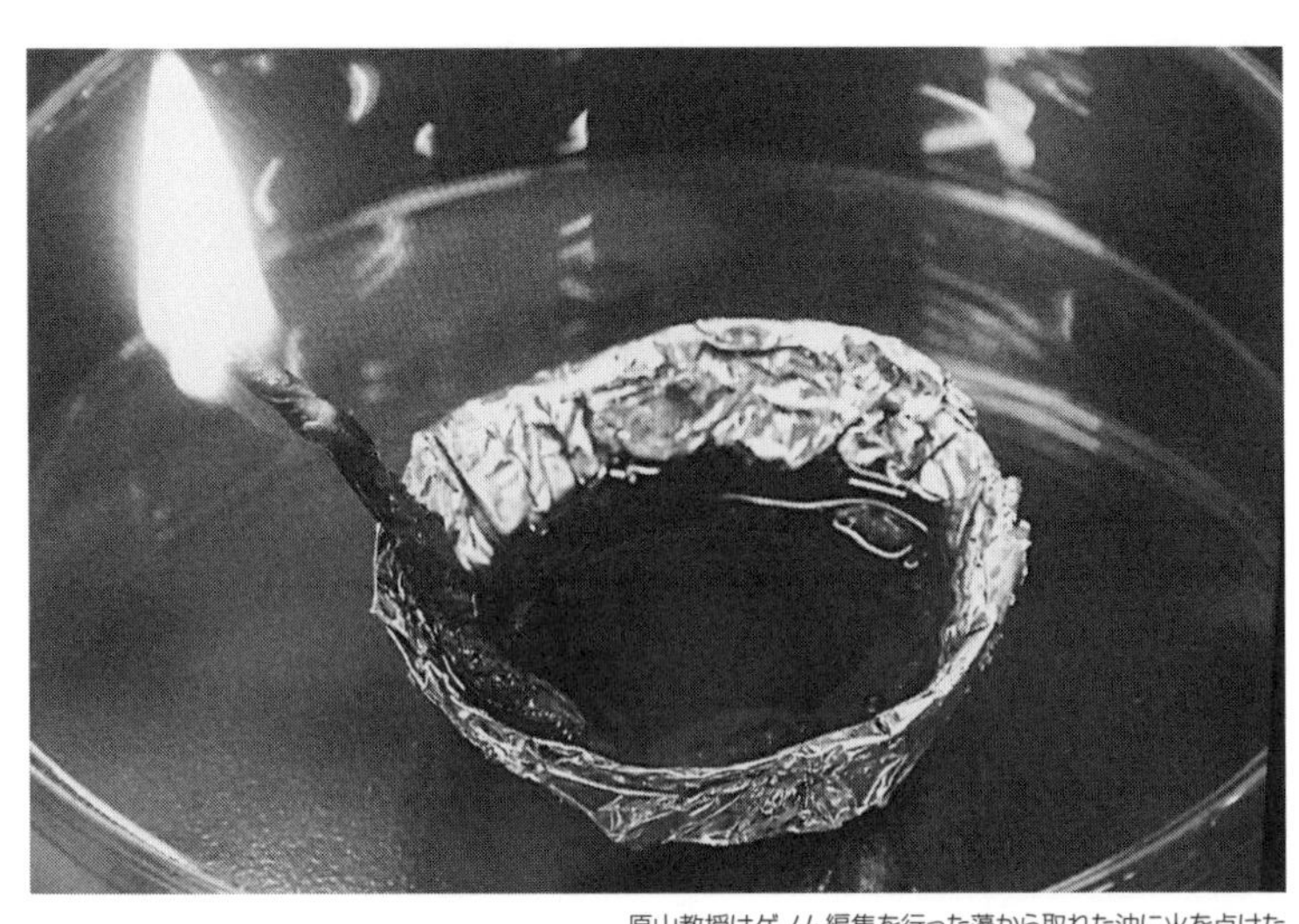

原山教授はゲノム編集を行った藻から取れた油に火を点けた

を開始、六年後に油を大量生産する技術の確立を目指しているのだ。後日、デンソーの担当者にも話を聞いたところ、大きなビジョンを語ってくれた。

「今後も、バイオ燃料をつくる技術の研究は続けていきます。日本で使う燃料は日本で確保する。それが目標です」

原山教授とデンソーの共同研究によって、バイオディーゼルが実用化する日は、いつ来るのか。原山教授は次のように話す。

「これから先、石油は枯渇していき、二酸化炭素はさらに増えていくでしょう。そのための方策を考えないといけません。バイオの力で燃料をつくるということになれば、大きなインパクトがあります。二一世紀の前半のうちに、実現したいところです」

私たち人類が抱える困難は数多い。その中でも、世界的な食料危機とサステイナブル（持続可能）なエネルギーの実現、この二つが喫緊の課題であることは誰もが認めるはずだ。もしかしたらゲノム編集が、解決への糸口となるかもしれない――少なくとも研究者はそう信じて疑わない。決してそれを楽天的だと笑うことはできないだろう。冷静でいて情熱にあふれた研究者たちの姿に、私たちは心動かされ始めていた。

原山教授は藻から取れた油に、紙の芯を垂らしてライターで火を点けてみせてくれた。ろうそくのような温かな炎が灯った。

第五章

超難病はゲノムから治せ

ゲノム編集についての取材を始めておよそ半年。二〇一五年を過ぎたあたりから、「ゲノム編集」というキーワードが新聞紙面などで取り上げられるようになった。私たちが取材したムキムキのマダイも、テキサスのウシも、当時撮影したときよりさらに太った姿で、新聞や雑誌の科学特集などに写真が掲載されていた。

動物・植物に行うゲノム編集のリサーチを続けながらも、私たちは人間へのゲノム編集の事例を探していた。折しも二〇一五年四月には、中国の研究者が人間の受精卵をゲノム編集したという論文を発表し、大きな注目を集めていた。取材を進める中で、ゲノム編集が最も期待されているのが医療の分野だということもわかってきた。実際にヒトでゲノム編集は応用されているのか。もしその事例があれば、取材を行ってゲノム編集という技術の汎用性を明らかにするというのが目標だった。

果たして、ヒトでの応用事例は存在するのか。もし見つけられたとしても、大学病院で行われている臨床研究や、もしくは製薬会社などで行う臨床試験くらいではないか。臨床に応用された例はそれほど多くはないはずだし、取材できたとしても、成功した事例に限られるだろう。その成功事例を番組で紹介するにしても、世界中を見渡してもいくつもなさそうだった。

この難題に頭を抱えていた私たちは、あるとき一本の論文と出合った。それはアメリカの医学雑誌「ニューイングランド・ジャーナル・オブ・メディシン」に、二〇一四年六月に掲載されたものだった――ペンシルベニア大学のカール・ジューン博士らが行った臨床試験で、エイズウイルス（HIV）に感染した一二人の血液をゲノム編集したのち体内に戻すというもの。その結果は、HIVが血液から消えた人が一名、血液中の免疫力を示す数値が改善した人が六名、という驚くべき内容だった。

HIVが消えた人か、せめて数値が改善した人を取材できないか。私たちはコンタクトをとることにした。

エイズウイルス臨床試験の被験者

アメリカでゲノム編集の医療応用の最前線を取材するため、私たちは二〇一五年七月初旬に現地入りしていたが、肝心のHIVの臨床試験を受けた人のOKがなかなか出なかった。無理もない。自身がHIVポジティブであることを明かす。それ自体に難しい側面があるのは理解できた。臨床試験を行ったペンシルベニア大学には、担当教授が忙しいという理由でなかなか取り次いでもらえなかった。

私たちは、だめ元で、論文の中に記載のあった会社に連絡をとることにした。血液採取、ゲノム編集の実施・解析など、臨床試験の様々なプロセスでかかわったバイオ企業のサンガモ・バイオサイエンス社だ。ここの担当者に、臨床試験を受けた人を紹介してほしいと申し入れをした。

「取材できなかったら、このまま失踪しようか」とカメラマンたちと、冗談半分で話していた矢先の帰国日二日前。ようやく本人から取材ＯＫの連絡が来た。「取材を受けてもいいよ。忙しいから一時間半くらいで終わらせてもらえるとうれしいな」

「これで失踪しなくてもよくなった！」。皆で大喜びした。しかもこの人物の登場によって、私たちは、ゲノム編集が秘める大きな可能性と希望を実感することになるのだった。

その人の名前は、マット・シャープ氏。自分と同じＨＩＶ感染者に最新の治療法などを紹介するコンサルタントの活動をしているという。連絡があった翌日、私たちはサンフランシスコにある、シャープ氏の自宅に向かった。ゴールデンゲートブリッジから車でそう遠くない閑静な住宅街。コンクリート造りの集合住宅の二階にシャープ氏は住んでいた。

家の外まで迎えに来てくれたシャープ氏。満面の笑みでスタッフ一人ひとりと握手した。赤いＴシャツにカーキ色のズボン。Ｔシャツからのぞく屈強な腕は、まるでアスリートのようだった。左の二の腕からひじにかけて彫られた入れ墨が印象的。白髪交じりの五九歳は、とても元気そうに見えた。私たちを家に招き入れると、「ようこそ、なんでも聞いてくれ」と言った。

シャープ氏は2LDKと思しきその家に、黒い犬一匹と住んでいた。犬のベティは、私たちに飛びかからんばかりの歓迎ぶりだ。この日、シャープ氏は夕方からヨーロッパに講演の仕事で出かけるということで、取材時間も一時間半との限定付き。「どこから話せばいいかな?」。聞くべきことを全部聞かなければと焦りながら、さっそくカメラを回すことにした。

シャープ氏が最初に話したのは、HIVに感染した一九八八年のことだった。当時彼は、バレエダンサーとして絶頂期にあった。元もとテキサス州の高校に在籍していた彼は、演劇の教師に勧められて芝居の世界に入った。その後、踊りの才能を見出されてニューヨークでバレエダンサーとしての道を歩み始めたのだという。HIVに感染したことがわかった頃の写真を、取り出して見せてくれた。つま先立ちで、両腕を頭の上で丸く組み、しなやかに体を弓なりに湾曲させたポーズ。金髪のイケメンダンサー、三〇代前半のシャープ氏の晴れ舞台の写真だった。「俳優のようだ」「かっこいい」。スタッフの口から、つい日本語の感想が漏れる。

「HIV陽性だと判明したとき、僕はバレエを続けるかどうか決断する必要があった。結局、バレエを中断して治療法を探すことに専念すると決めたんだ」

当時、エイズを発症する患者が多く報告されたのがサンフランシスコだった。そのため、サンフランシスコでは治療法が盛んに研究され始めていた。彼は迷うことなく移住することにした。

「エイズの治療については、サンフランシスコが進んでいることはわかっていた。だから僕も、自分からサンフランシスコに引っ越したんだ。ＨＩＶとの闘いにおいて、僕は常に〝先手〟を打っていたんだ」

従来のＨＩＶ治療と新たなＨＩＶ治療

以降、シャープ氏はあらゆる臨床試験に参加するようになった。そして、何種類もの薬を服用する、抗レトロウイルス療法に一早く出合った。それによって、血液内のＨＩＶの増殖を一定レベルに安定させることができたという。しかし、抗レトロウイルス薬は高価な薬である。飲んでも治るわけではなく、しかも飲み続けなければならない。そして飲む時間を間違えると、効かなくなるという危険性も伴う。さらに、抗レトロウイルス薬には、めまいや吐き気、下痢という副作用すらあるのだ。大きな負担を強いられる治療と言える。

シャープ氏は、一日二回、昼と夜の決められた時間に四種類もの薬を服用してきた。それでも、免疫力を示す数値は少しずつ低下した。そのためか、毎年季節の変わり目には肺炎を患ったという。シャープ氏は台所の棚から、抗レトロウイルスの薬を取り出して見せてくれた。
「こういった薬で抑うつ症状にもなるんだ。あなたたちだってこんな薬、飲みたくないだろう」

シャープ氏に朗報がもたらされたのはゲノム編集の第一世代、ZFN（ジンクフィンガー・ヌクレアーゼ）が登場してしばらく経った二〇一〇年のことだった。主治医が新たな臨床試験の話を勧めてきたのだ。「新しく開発された治療がある。その治療では、小さなハサミのような物質が、血液中の白血球の遺伝子の一部を切断して、エイズウイルスにそれ以上やられないようにする。エイズの発症も防げるかもしれない」と説明された。
「僕は医師に『これが遺伝子治療？　まるでSFみたいだ』と言ったよ。それに、リスクについても尋ねた。『将来的にがんを発症する危険性などはないのか』とかね」

シャープ氏は、その新たな治療法に、好奇心と不安を同時に感じたという。それまで多くの臨床試験に参加し、誰よりもエイズとその治療法について勉強してきたつもりだったシャープ氏にとっても、聞いたことのないものだったのだ。期待できる効果のほうがリスクを上回るだろうと言われ、シャープ氏は臨床試験への参加を決心した。

驚くほどシンプルな治療

ベッドに横たわる笑顔のシャープ氏が写る一枚の写真。彼の腕には採血用の管がぶら下がっている。世界でも最初の例となる、ゲノム編集によるＨＩＶ感染者の治療の様子を写真に残しておきたいと、看護師に頼んで撮影してもらったものだ。

「治療は、驚くほどシンプルなものだったよ」。臨床試験の話に移ったとき、シャープ氏の口調は熱っぽくなった。「針を刺す瞬間だけちくっとしたね。それだけさ」

それは、実に簡易なものだった。第一段階は指定されたクリニックでの採血。ベッドに横たわると、両腕に注射針を刺された。片方の腕から血液を採取して、ベッド脇の機械に送り込む作業がしばらく続いた。「機械の中で血液から白血球だけを分離する」と説明されたという。そうして白血球だけを取り除いた血液を、今度は機械からもう片方の腕へと戻された。シャープ氏は、この日、数時間の治療を終えて帰宅した。

分離されたシャープ氏の白血球は、このあと別の施設でゲノム編集を施された。そして数週間後にシャープ氏の血中へ戻された。注入にかかった時間も短く、三〇分で済んだという。

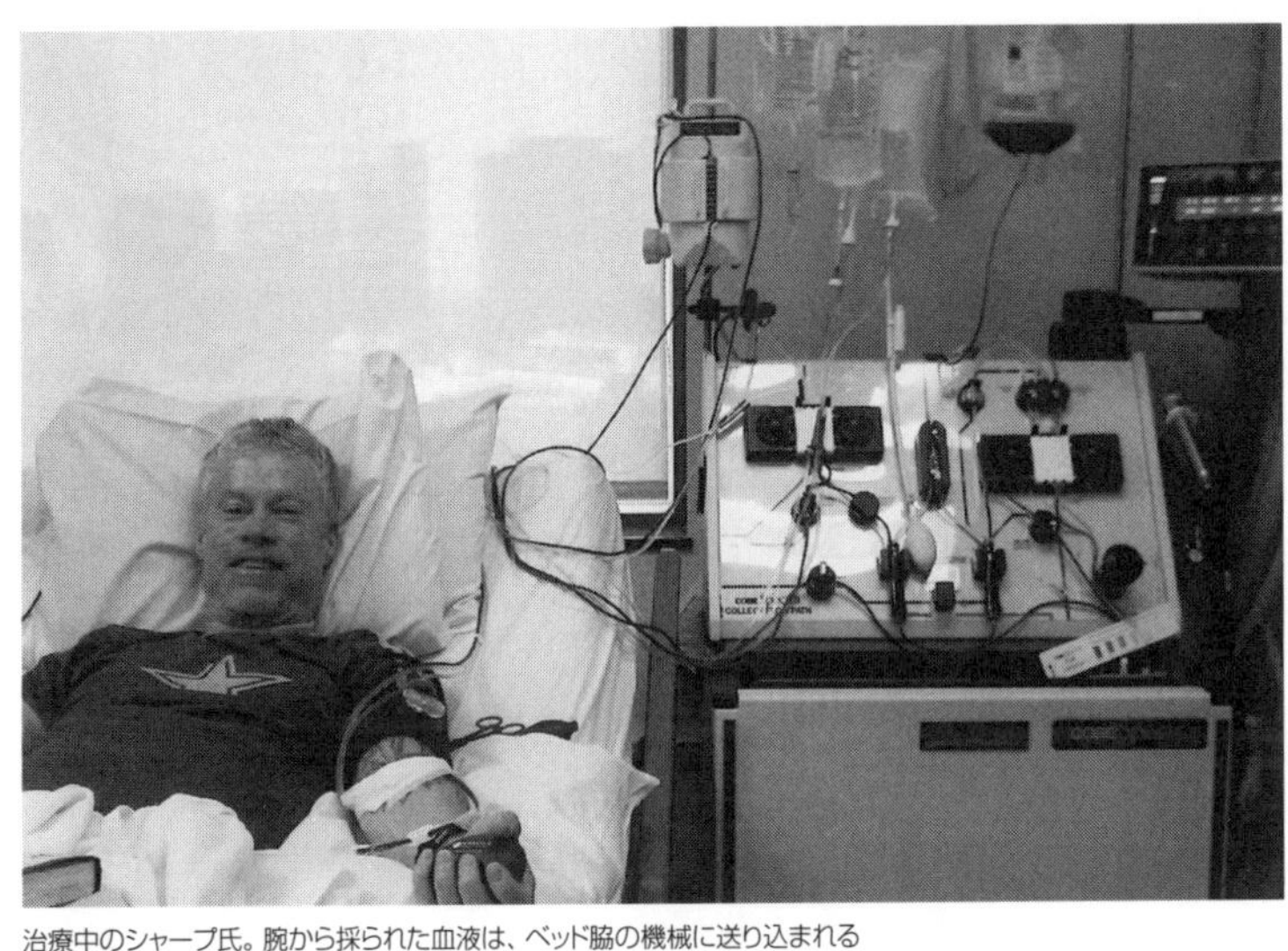

治療中のシャープ氏。腕から採られた血液は、ベッド脇の機械に送り込まれる
（写真提供：Matt Sharp）

ゲノム編集医療のパイオニア

シャープ氏の白血球の中の「何を・どのように」ゲノム編集したのか。私たちは、実際に作業を行ったバイオ会社のサンガモ社を訪ねた。シャープ氏の自宅から車で三〇分のところにサンガモ社はあった。

一九九五年の創立以来、サンガモ社では遺伝子の異常で起こる病気の治療法を開発してきた。近年は、そこにゲノム編集を使った治療法も含まれる。ゲノム編集の医療への応用においては、パイオニア的な存在だ。今回の私たちの取材には、ＣＥＯのエドワード・ランフィエ氏が対応してくれた。サンフランシスコのこのオフィスで行われていたのは、採取した血液の検査やゲノム編集の処理を施したあとの検査などが中心で、実際のゲノム編集の様子は取材できなかった。

ＨＩＶは、血液に入り込むと白血球に取り付いて増殖することが知られている。白血球の表面にある突起にくっつき、それを足がかりに、白血球の中に侵入し、増殖していくのだ。そこで、サンガモ社では、白血球のこの突起に関係した遺伝子をゲノム編集（ＺＦＮによる）で切断した。そうすることで、白血球の表面から突起をなくし、ＨＩＶが白血球に侵入できないようにしたのだ。

「こうした治療は、ゲノム編集がなければ実現できませんでした」

ランフィエ氏らは現在この臨床試験をさらに進め、エイズの治療法の確立を目指していると説明してくれた。

聞けば、サンガモ社では、ゲノム編集を駆使した治療法・治療薬の開発プロジェクトが複数進行していた。例えば、血友病[★1]。出血したとき、血を固めるために働く「血液凝固因子」というタンパク質が生まれつき低下・欠乏している病気だ。患者は、一度出血すると止血までに時間がかかる。ちなみに、血液凝固因子は約一二種類あり、そのうち第Ⅷ因子が欠損しているものを「血友病Ａ」といい、第Ⅸ因子が欠損しているものを「血友病Ｂ」という。サンガモ社では単一の遺伝子が関与して起こる血友病Aや血友病Bについて、治療法を開発しているのだ。

血友病のプログラムでは、シャープ氏のＨＩＶの治療法と異なり、生体内でゲノム編集を行う。つまり血友病患者の体内で直接的に治療を行うのだ。この治療法ではゲノム編集する物質を肝臓に送り込んで、体内で直接遺伝子の異常を修復する。「インビボ（in vivo：生体内で、の意味）法」という治療法だ。すでに、動物実験を進めており、二〇一六年中には臨床試験を始める予定とのことだ。

サンガモ社ではほかにも遺伝子の異常によって引き起こされる疾病のライソゾーム病［★2］や鎌状赤血球症［★3］などについても取り組んでいる。

★1 血友病は、一般に出生男子一万人に一人の割合で発生すると言われており、日本では、平成二七年度の血液凝固異常症全国調査によると、血友病Ａ：四九八六人、血友病Ｂ：一〇六四人と報告されている。

★2 分解されるべき物質が老廃物として体内に蓄積してしまう先天代謝異常疾患の総称。日本では二〇〇一年に難病と指定された。

★3 赤血球が鎌状に変形するため、血流障害による臓器障害や貧血などを起こす。日本にはほとんど症例はない。主にマラリアが発症するアフリカに多い。

原因となる遺伝子が何なのか、明らかになっている場合、特にそれが一つの遺伝子の異常によって引き起こされている病気であれば、治療法の開発の可能性は以前と比べ格段に高まっているという。

臨床試験直後の驚くべき変化

シャープ氏の話に戻ろう。彼の体調に驚くべき変化が現れたのは臨床試験終了の直後だった。免疫力を表す数値が、大きく改善したのだ。それまで「薬を飲むことが必要」とされる低い数値だったのが、「薬を飲むことが必ずしも必要ではない」数値にまで跳ね上がった。しかも副作用はなかった。そして、その状態が今も続いているという。シャープ氏とともに、臨床試験に参加した数人にも同様の結果が出たことも特筆に値する。

「これは驚きの結果だよ。ふつうは起こらないことだからね」

シャープ氏は、臨床試験が終わった今も、抗レトロウイルス薬を服用している。免疫力を示す数値が大きく改善したものの完治したわけではなく、不安が完全にぬぐい切れていないからだ。それでも、以前のように「いつエイズを発症して、死んでしまうのか」という恐怖からは解放されたという。

「今では、〝HIVを根治する〟ところまでこぎ着けている可能性があると確信できるようになったよ。僕がHIVに感染した頃を振り返ると、考えも及ばないことだ」

HIVに感染した多くの仲間を次々と失った過去を振り返りながら、彼は取材の最後に涙ぐんだ。

がんでも始まった実用化

私たちはアメリカでの取材を通じて、ゲノム編集を使うことでこれまでは治療が難しかった、あるいは治療法が存在しなかった病を治せる可能性が出てきたことを肌で感じていた。そしてさらにリサーチを続け、がんについても先進的な研究を行っている企業があることを知った。

人類の死因の上位を占めるがん。この治療にゲノム編集を応用しようとしているのは、フェン・チャン博士だけではない（第三章に詳述）。製薬大手のノバルティスファーマ社が二〇一五年に提携したアメリカのバイオベンチャー、インテリア・セラピューティクス社。東海岸・ボストンに本社を置くこの会社は二〇一四年に創業したばかりだ。

私たちが訪れたときには、研究室そのものが新しく、まだ使われていない機材があるように見受けられた。そんな中で進められていたのが血液のがん、白血病の治療薬の開発だ。じきに臨床試験を開始することを目指しているという。

　彼らが行っていた白血病の治療薬の開発、それは、「CAR-T（カー・ティー）療法」というがんの免疫療法の改良だった。一般的にがん細胞は、体内で発生する途中、またはがん治療の過程において、患者の体内に存在する免疫細胞（その一種であるT細胞）の働きを弱めることが知られている。本来ならT細胞は、がん細胞を攻撃するべきなのだが、がん細胞がこれを回避するような様々な〝トリック〟を行い、免疫機能をかわしながら増殖していくのである。がん細胞の、このいわゆる「主要免疫回避機構」と呼ばれる働きを抑え、免疫機能を強化することでがんの増殖を抑えようというのがCAR-T療法である。


　これは元もと、一九九三年にイスラエルの研究グループによって考案された治療法である。信州大学医学部の中沢洋三（なかざわようぞう）講師によれば[★1]、患者から採取したT細胞の中に、体外である遺伝子（人工T細胞受容体遺伝子）を導入して増殖培養したのちに、患者の体内に戻すというもの。しかしこれまでは、T細胞に遺伝子を導入することは、ウイルスベクター[★2]を使って行う方法が取られていた。難易度の高い技術を要するものだったという。

　そこでインテリア・セラピューティクス社は、これをより簡単にスピーディーに行えないかと、ゲノム編集に目を付けた。患者の体内からではなく、一般のドナーから採取したT細胞にゲノム編集（ターレンによる）を行い、パワーアップさせて、これを患者の体内に注入することができないかと考えたのだ。確かにこの療法が実現できれば、これまでよりもはるかに多くの白血病の患者を、より速くより費用をかけずに治療できるかもしれない。すでに、インテリア・セラピューティクス社が提携しているノバルティスファーマ社では、この治療法についてアメリカ国内で臨床試験に入っており、白血病について極めて有望な結果が出ているという。インテリア・セラピューティクス社の最高科学責任者トーマス・バーンズ博士は次のように語った。

「あらゆる種類のがんを治療するために、どのようにゲノム編集を利用するのが最良なのか、世界が探ろうとしています。そして、第三世代のクリスパー・キャス9があれば、この種の疾

★1「信州医誌」61(4):197～203,2013、中沢洋三「キメラ抗原受容体（CAR）を用いた遺伝子改変T細胞療法」。

★2 ウイルスベクターは、遺伝子組み換えなど、遺伝子操作の際に用いられる。ウイルスが持つ病原性に関する遺伝子を取り除き、外来の目的遺伝子を組み込んだもの。ベクター（vector）は「遺伝子の運び屋」を意味する。挿入するDNA断片の大きさや挿入目的によって、様々なベクター（レトロウイルスベクター、レンチウイルスベクターなど）が使い分けられる。ベクターとしてはウイルスのほか、第二、第四章で述べたアグロバクテリウムなどの細菌もある。

患に真っ向から対処することが可能となります。私たち人類の医療は、今まさに変わろうとしているのです」

京都大学iPS細胞研究所の挑戦

ゲノム編集の技術を医療に活かしていこうという動きは、国内でも出てきている。注目されているのは京都大学iPS細胞研究所の堀田秋津（ほったあきつ）助教のグループである。

本題に入る前に、まずはiPS細胞がどのようなものかおさらいしておきたい。

iPS細胞は、ご存じの通り、京都大学iPS細胞研究所の山中伸弥教授が開発した人工多能性幹細胞だ。私たちを構成する細胞を元へ辿ると、受精卵というたった一つの細胞に行き着く。そこから分裂と分化を繰り返し、目や骨、血液や皮膚など、体の様々な部分の細胞に分かれていくのだ。つまり、受精卵の段階ではどのような細胞にも分化する可能性（万能性）を持っている。ふつうは一度分化してしまうと、再び受精卵のような万能性を持つ元の細胞に戻ることはない。

しかし、山中教授は分化しきった体細胞を受精卵に近い、あらゆる細胞に分かれる前の状態に戻す方法を発見した。特定の四つの遺伝子、いわゆる「ヤマナカ・ファクター［★］」と呼ばれる遺伝子を皮膚や血液の細胞に入れると、受精卵に近い段階にまで細胞が「初期化」されることを突き止めた。

ｉＰＳ細胞は受精卵に近い多能性を持つため、様々な細胞をつくることができる。例えば、通常体の中から取り出すことの難しい神経の細胞を、皮膚や血液など、比較的簡単に取り出せる細胞からつくることが可能になった。しかも、ｉＰＳ細胞は元の細胞の遺伝情報を引き継ぐため、遺伝性の病気も再現できるようになったのだ。京都大学ｉＰＳ細胞研究所では、このｉＰＳ細胞を使って、パーキンソン病や軟骨無形成症など、様々な病気の治療法や薬の開発につなげようと日々研究が進められている。

最新の医療技術を駆使して難病の研究を進める同所で、堀田助教のグループはｉＰＳ細胞の技術とゲノム編集の技術を組み合わせて新たな治療法を開発しようとしている。

★ｉＰＳ細胞は開発された当初はＯｃｔ３／４、Ｓｏｘ2、Ｋｌｆ４、ｃ－Ｍｙｃの四つの遺伝子、いわゆる「ヤマナカ・ファクター」と呼ばれる遺伝子を細胞に導入することでつくられた。今はＬＩＮ28とＤＮ－ｐ53という二つの遺伝子が加わり、六つの遺伝子を導入することでつくられるようになった。また、ｃ－Ｍｙｃの代わりにＬ－Ｍｙｃが使われるようになっている。

筋ジストロフィーの根治を目指して

堀田助教はまだ三〇代後半の若い研究者だ。細身の体に白のシャツが似合う、爽やかな印象。幹細胞遺伝子工学が専門で、主に病気の原因となっている遺伝子に改変を加えて治療する、遺伝子治療を研究している。

ゲノム編集の技術を医療に応用しようという動きは、アメリカに比べると、日本ではまだまだ遅れている。ほかの研究者に取材をしていた際、医療分野にゲノム編集を取り入れる研究の第一人者として必ず名前が挙がるのが堀田助教だった。彼が研究しているのは筋ジストロフィーの治療法の開発だ。

筋ジストロフィーとは、基本的には先天性とされる遺伝子疾患の一つである。筋肉の細胞で働いているジストロフィン遺伝子の異常で、全身の筋肉が細くなって弱り、萎縮する病気だ。年齢を追うごとに、立ったり歩いたりすることができなくなり、一〇代から車いすの生活を余儀なくされる患者もいる。

病気のタイプは二つ、デュシェンヌ型とベッカー型だ。一般的に、デュシェンヌ型は症状が重く、ベッカー型は比較的軽いとされている。堀田助教がゲノム編集を使って治そうとしているのはデュシェンヌ型の患者にあたる。二〇代で心不全などで亡くなることも多いと言われている難病で、国内には二五〇〇人から五〇〇〇人の患者がいると見られている。

デュシェンヌ型は、ジストロフィン遺伝子の一部が欠損することで引き起こされる。堀田助教はこのジストロフィン遺伝子の異常を修復し、正常な状態に戻す研究に取り組んでいるのだ。

アミノ酸とタンパク質

ここから先の話は少し難解だった。堀田助教は私たちに一つひとつ丁寧に説明をしてくれた。まず、遺伝子の基本的な解説から押さえておきたい。遺伝子の働きの実態とは何だろうか。それはタンパク質をつくり出すことである。では、どのように遺伝子からタンパク質がつくり出されているのか。

ポイントは、遺伝子を形づくる四種類の塩基の情報だ。四種類の塩基は三つの組み合わせによって一つのアミノ酸を指定する。生物の体を構成するアミノ酸は二〇種類あると言われ、三つの塩基の配列順序によって、どのアミノ酸をどう並べるか決まる。さらに、このアミノ酸が連なって完成するとタンパク質となる。このタンパク質が私たちの体の様々なつくりや働きの基になっている。

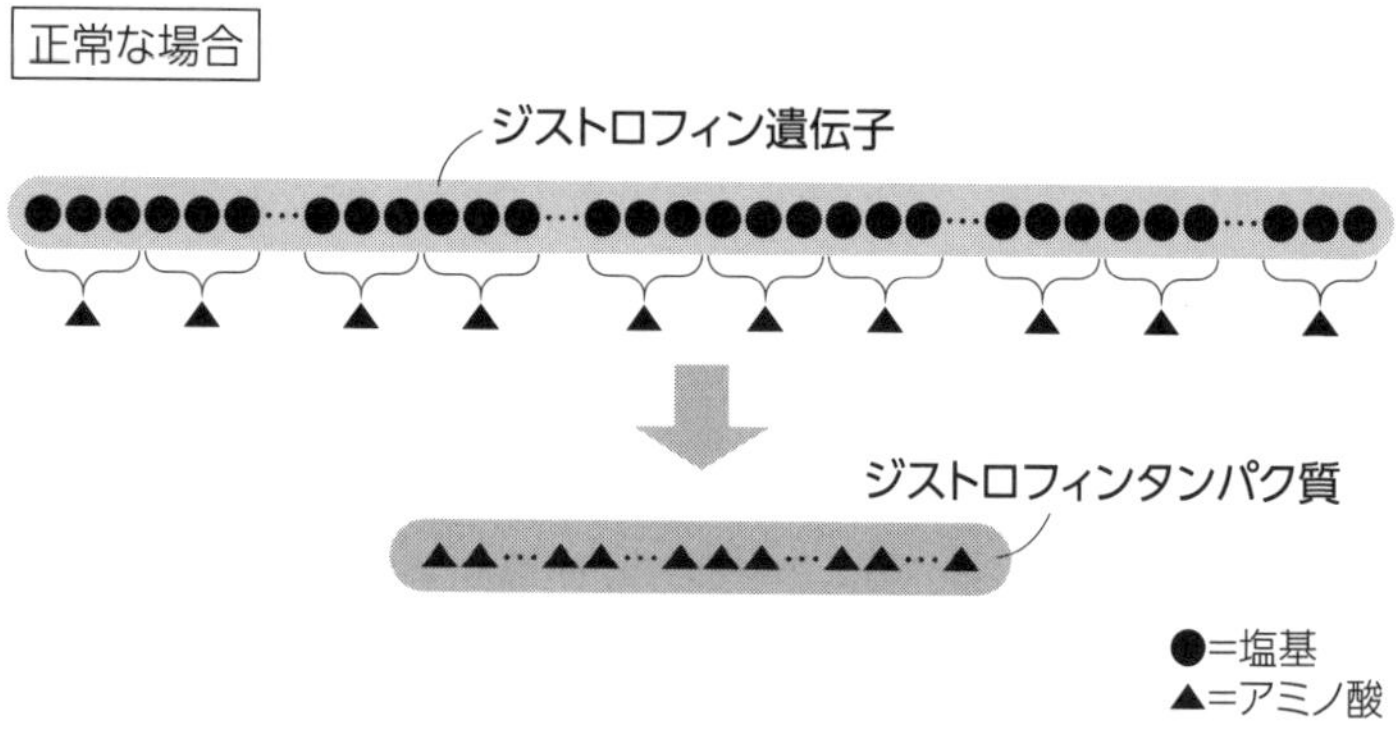

正常な場合

ジストロフィン遺伝子

ジストロフィンタンパク質

●=塩基
▲=アミノ酸

この点をふまえた上で、筋ジストロフィーという病気を考えてみる。

筋ジストロフィーの原因となっているのは、ジストロフィン遺伝子だ。ジストロフィン遺伝子からも当然タンパク質がつくられる。このタンパク質は、ジストロフィン遺伝子の中の、「エクソン」という部分の塩基の情報を基につくられている。塩基は三つ一組の情報を基に一つのアミノ酸を指定して一つずつ並べていく。このアミノ酸が連なって出来上がるのが、ジストロフィンタンパク質だ。ジストロフィン遺伝子の中にエクソンは七九か所存在しており、基本的にすべてのエクソンがそろわなければ、正常なタンパク質はつくることができない。

出来上がったジストロフィンタンパク質は、ふだんは筋肉の中に存在していて、細胞の形を保つ働きをしている。そのため、私たちは体を思う存分動かしても、筋肉細胞が簡単に壊れてしまうことはない。

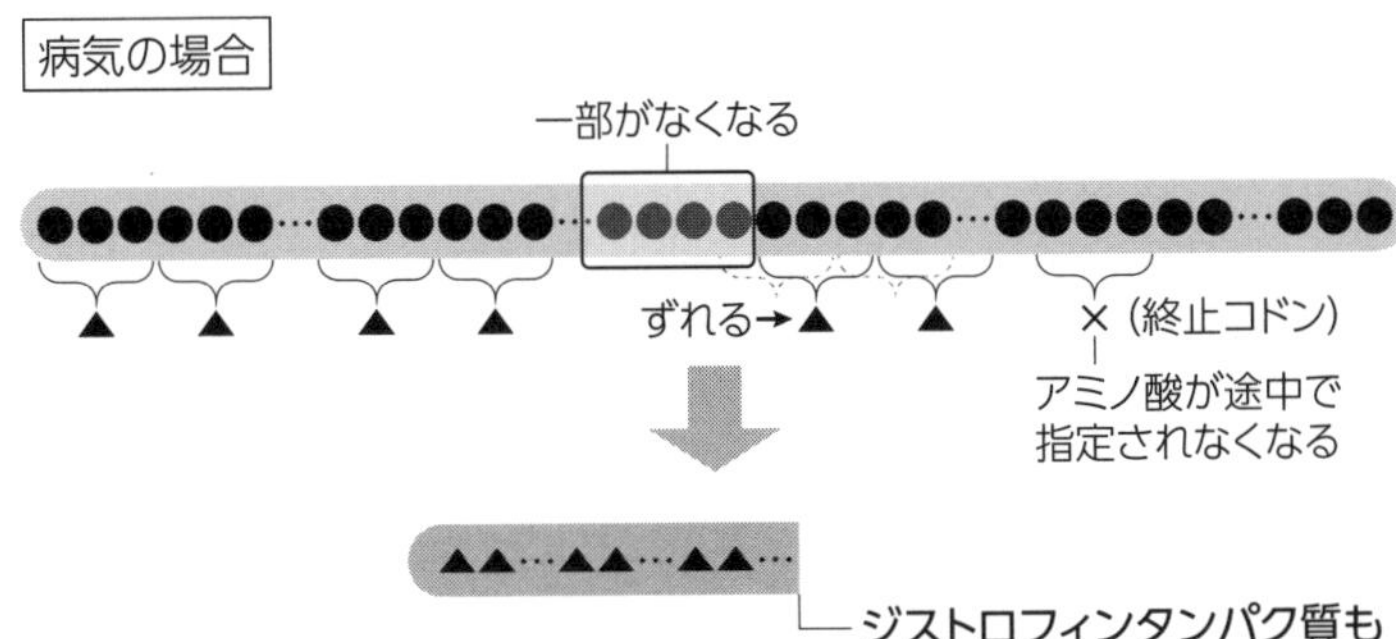

しかし、筋ジストロフィーの場合、このメカニズムが異常を起こして、ジストロフィンタンパク質がつくられなくなってしまう。エクソンの塩基がない状態になっているからだ。

エクソンの塩基がなくなると何が起こるのか。一部の塩基がそろわなくなり、そのずれによって、本来指定されるはずだったアミノ酸が指定されず、タンパク質をつくるのに必要なアミノ酸がそろわなくなり、病気になってしまうというのだ。

エクソンのどの部分がなくなっているかは患者によって違う。なくなっているエクソンの部分によっては、不完全ながらタンパク質は出来て、ある程度の働きをカバーすることができる。堀田助教が研究対象とするのは「エクソン44」という部分がすべてなくなっているケースだ。タンパク質のもとになるアミノ酸は三つの塩基が一組になって指定されているため、必要な塩基の総数は必ず三の倍数ということになる。ところがエクソン44に含まれる塩基の数は三の倍数ではないため、隣の領域の「エクソン45」のはじめの塩基と組み合わされて読み込まれているのだ。つまり、エクソン44が欠損すると、本来の三つずつの組み合わせではない、ずれた組み合わせが出てきてしまう。それだけではない。ずれが生じたためにエクソン45の途中に「終止コドン」と呼ばれる組み合わせが入ってしまう。「コドン」とは、塩基三つ一組の組み合わせの総称で、全部で六四種類あるとされている。

このうち、終止コドンは「ここでアミノ酸をつなげるのは終わり」という合図になる組み合わせのことだ。これが入ると、そのあとからアミノ酸がつながることはなくなる。アミノ酸がつながらなければタンパク質は途中からまったくつくられなくなるので、病気を発症する。デュシェンヌ型のうち、二番目に多いタイプでもある。

タンパク質をつくるための三つの編集方法

「ゲノム編集を使えばエクソン44の不足を補う方法があるのではないかと考えたのです」

注目したのが、エクソン45だ。ここをうまく編集して、タンパク質が出来上がる仕組みをつくろうと考えた。様々な方法を使って塩基の総数を三の倍数に戻すとともに、終止コドンが入らない仕組みを目指したのである。方法は三パターンある。

（方法一）エクソン45をゲノム編集で働かなくさせる方法。実はエクソン44とエクソン45に含まれる塩基の数は、二つの領域を足すと三の倍数になっている。逆に言えば、エクソン44に加えてエクソン45まで壊してしまえば、塩基の総数は三の倍数に戻り、エクソン45よりあとの領域は本来の組み合わせで読み込まれるようになる。終止コドンも入らない。

つまり、すべてではないが、ほとんどのアミノ酸は正常につくられるようになるため、さらにそこからつくられるタンパク質もある程度正常な機能を取り戻すことができる。そうすると病気の症状も軽くなるというのである。

（方法二）逆に塩基を加えるか減らすことで、エクソン45の塩基の数を三の倍数に戻す方法。エクソン44がない場合、塩基の総数は三の倍数よりも一つ少なくなっている。塩基を三の倍数にそろえるためには、エクソン45に塩基を一つ足し込めばいいということになる。あるいは塩基を二つ減らしてもいい。

実は遺伝子は一部が壊れると、壊れた部分を修復しようとする働きを有している。つまりエクソン45の一部をゲノム編集して壊すと、修復しようという働きが見られるのだ。その際、塩基が新たに加わったり、逆になくなったりすることもあるという。

堀田助教が目を付けたのがこの機能だ。エクソン45の一部を壊すことで修復機能が働くのを

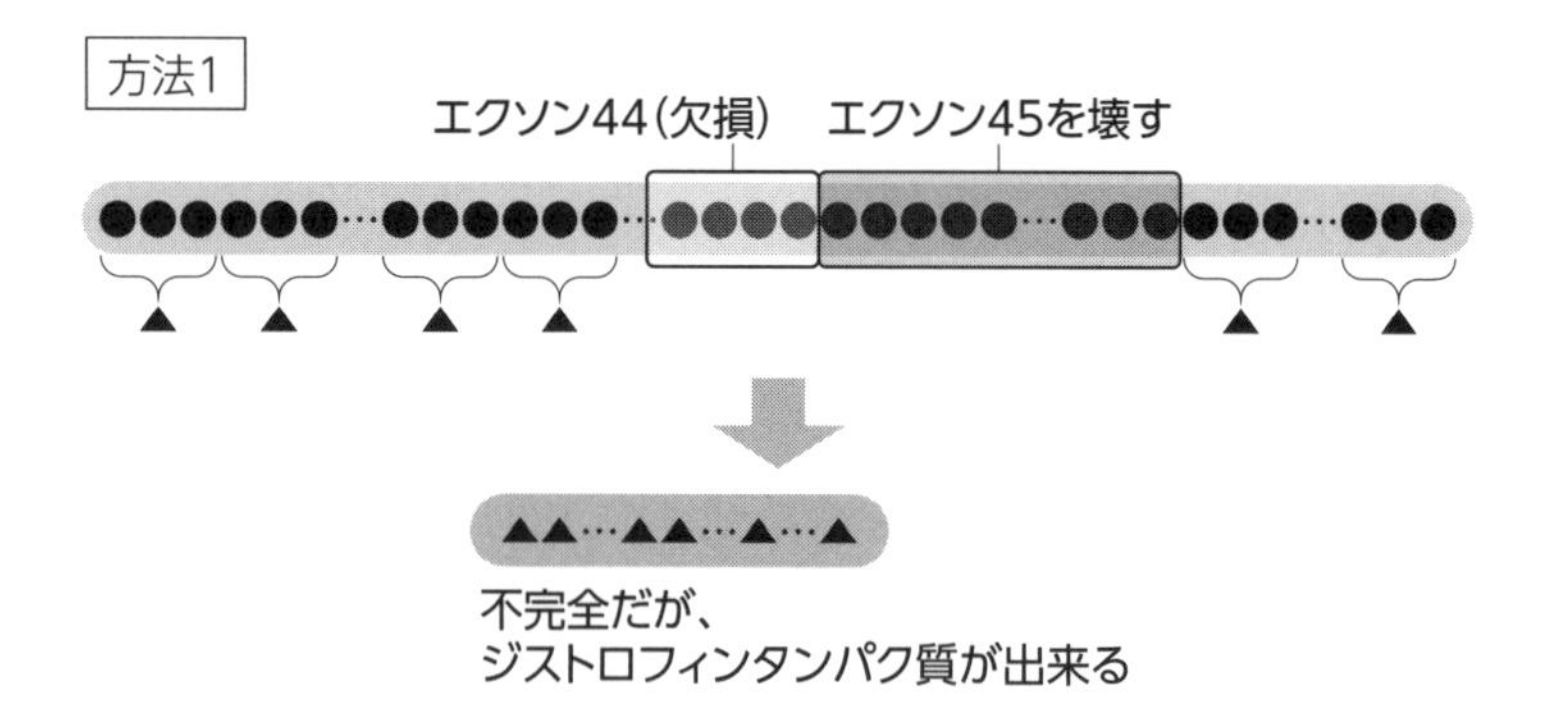
方法1
エクソン44(欠損)
エクソン45を壊す
不完全だが、
ジストロフィンタンパク質が出来る

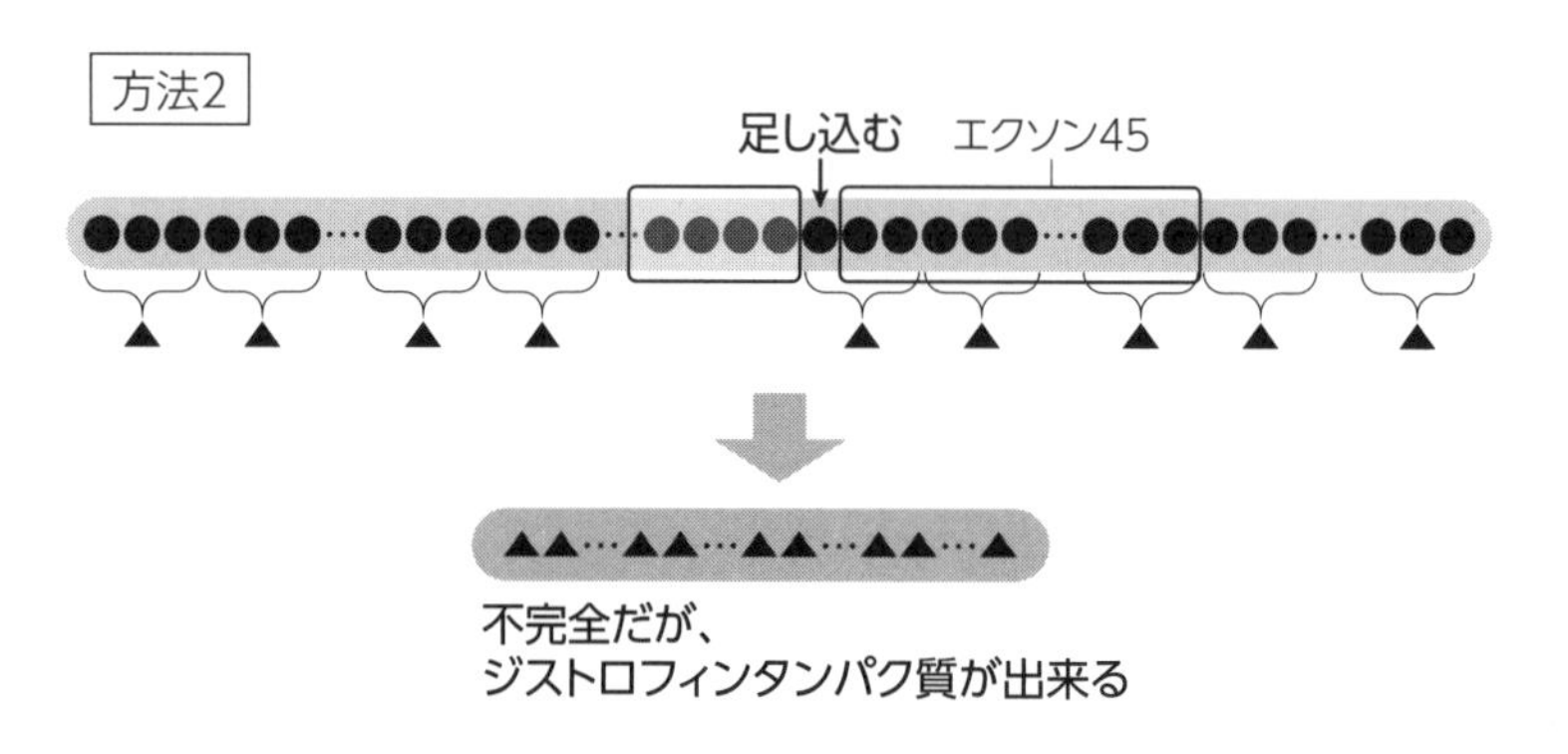
方法2
足し込む
エクソン45
不完全だが、
ジストロフィンタンパク質が出来る

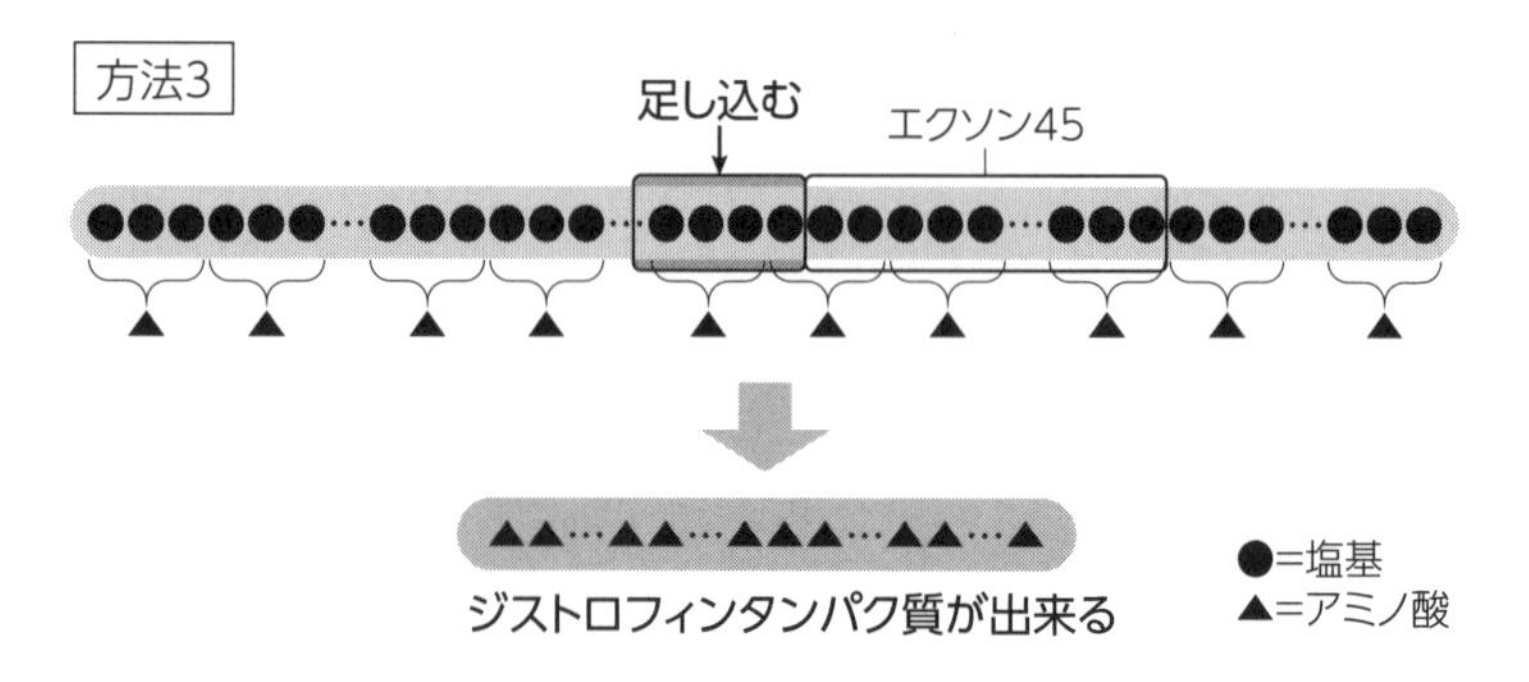
方法3
足し込む
エクソン45
ジストロフィンタンパク質が出来る
●=塩基
▲=アミノ酸

促し、塩基が一つ加わるか二つ減るかすることを期待するのである。ただし、もう一つ条件があって、終止コドンの組み合わせよりも前の部分を編集する必要がある。手前の塩基を編集することで、終止コドンの組み合わせが入らないようにするのだ。すると、最後まで塩基が読み取られるようになり、タンパク質をつくる働きが取り戻される。

（方法三）なくなってしまったエクソン44を丸ごと入れ込んで、遺伝子的には完璧な状態に戻す方法。エクソン45の前に切り込みを入れ、切り込んだ部分にエクソン44を丸ごと入れてしまう。こうすれば正常なタンパク質がつくられる。これは比較的わかりやすいと思う。

しかし、これらの方法を考えついても、ヒトの体で実際に試すことは倫理的に難しい。そこで登場するのがｉＰＳ細胞である。

ｉＰＳ細胞＋ゲノム編集

最初に説明した通り、ｉＰＳ細胞は皮膚や血液など、分化したヒトの体細胞に特定の遺伝子を入れることで、受精卵に近い状態に細胞を初期化することができる技術である。細胞はその生物のすべての遺伝情報を持っていることもすでに述べた通りだ。ある患者の病気が遺伝子に原因がある場合、その患者の細胞からｉＰＳ細胞をつくれば、このｉＰＳ細胞には患者の病気の部分の遺伝情報も含まれているのだ。

脳の神経が病気になっていた場合。脳から神経の細胞を採ってきて病気を調べることなど、不可能に近いことは誰でもわかるだろう。しかし、iPS細胞を使えばこの難題はクリアできる。まず、患者の皮膚だったり血液だったり、採りやすい部分から細胞を採る。皮膚の細胞も血液の細胞も、病気の神経細胞と同じ遺伝情報を含んでいるから、これらの細胞からiPS細胞をつくり、さらに脳の神経細胞へ変化させると、脳の神経の病気を再現できる。堀田助教はこのiPS細胞の技術とゲノム編集の技術を組み合わせて、筋ジストロフィーの治療法の開発に取り組もうと考えた。


まず、筋ジストロフィーの患者の皮膚の細胞からiPS細胞をつくり出す。このiPS細胞の状態でゲノム編集をして、先ほどの三つのパターンで遺伝子の修復を試みた。このゲノム編集したiPS細胞から筋肉の細胞をつくり、正常な働きができるようになったかを試してみたのだ。すると、それぞれのパターンにより成績に差があるものの、いずれもジストロフィンタンパク質がつくられることが、つまり正常な働きを取り戻していることが確認できた。

「ポイントは、ユニークな配列の部分にねらいを定めていることです」

ゲノムは非常に情報量が多いが、実はその半分くらいに同じ配列が含まれている。ゲノム編集で遺伝子を切ろうとしたとき、例えばXという配列をねらって、Xを切れるターレンやクリスパー・キャス9をつくり、ゲノム編集しようとする。しかし、このXという配列がゲノムの中に二つ以上存在していた場合、ゲノム編集技術ではこの二つとも切ってしまう恐れがある。オフターゲット作用だ。そうなると、病気の部分が治ったとしても、ほかの部分で何らかの病気を発症する可能性があるし、場合によっては命にかかわることもあるかもしれない。

こうしたことを防ぐため、堀田助教はエクソン45の中でも、ほかに同じ配列が見られないユニークな配列の特定を進めた。そして、そこをピンポイントでターゲットにしたのだ。この部分を切るということは、ゲノム編集を行いたい部分を確実に切れる可能性が高いということである。実際に、修復後の遺伝子の情報を調べてみたところ、ターゲットとしていたエクソン45以外に致命的な遺伝子の変異は確認されず、エクソン45のみを正確に操作することに成功していたという。

体に注射してゲノム編集の物質を入れる

細胞レベルではすでに効果が実証された。しかし、これをヒトの治療で使うとなるとどうだろうか。筋ジストロフィーの場合、大量にある筋肉の細胞の一つをゲノム編集したところで効果はない。すべての筋肉の細胞の遺伝情報をゲノム編集しなければ病気は治らないと考えるのがふつうだろう。それとも受精卵の段階で操作しなければならないということだろうか。将来的に医療にどう活かすのか。

実は二〇一六年四月から、ゲノム編集を使って筋ジストロフィーを治す実験を、マウスを使って開始したという。しかも、受精卵の段階で操作するのではなく、すでに筋ジストロフィーになってしまったマウスを使って実験をするというのである。どうやって治療するのか。筋肉の細胞はたくさんある。

「ただ注射するだけです。筋肉に注射して、クリスパー・キャス9やターレンを入れ込むのです」

計画では、まずは足の筋肉の細胞に注射をして、クリスパー・キャス9やターレンを細胞の中に入れる。一回の注射で一定程度の細胞にそれらが行き渡る。そして、すでに筋肉になった細胞をゲノム編集して病気の遺伝子を修復する治療法の開発をねらうのだという。ヒトの場合も同じ方法で治療できる可能性があるが、もちろん一回の注射ですべての筋細胞を治療することは難しいだろうから、数か月に一回など定期的な注射が必要にはなるだろうということだった。

「それでも、その都度入院するわけではなくて、病院の外来に来て注射するだけだから、患者さんにとって、負担は非常に軽いのではないかと思っています」

堀田助教は、うまくいけば理想的な治療法になると確信しているようだった。しかし、クリスパー・キャス9やターレンが体中に拡散して予想外の事態を引き起こしてしまうようなことはないのだろうか。

「血液の場合は体中に回りますが、筋肉の場合はある程度筋肉の中にとどまると思います。そういったこともマウスを使った実験で試して、効果や副作用を考えていかないといけないと思います」

ただ、単に筋肉に注射するだけでは、病気が完治するとは言えない。なぜなら、筋肉の細胞はある程度の期間が経つと死んでしまうからだ。細胞は常に入れ替わり、新たな細胞がつくられる。サテライト細胞（成体幹細胞の一種）と呼ばれる細胞があり、ここから常に新しい細胞が供給されているのだ。完成した筋肉の細胞をゲノム編集で治しても、筋肉のサテライト細胞の遺伝情報が病気の状態のままであれば、新たにつくられる細胞もまた病気のものになってしまう。

堀田助教は将来的には、サテライト細胞をゲノム編集する新たな治療法の確立も目指しているという。サテライト細胞の遺伝情報を修復することができれば、新たに細胞がつくられても正常な細胞が生まれることになる。説明の最後に、サテライト細胞は筋肉の組織の様々な部分に点々と存在しているため、複数を同時に治すことのハードルが高いと、堀田助教は付け加えた。

ライバルはアメリカ

解決すべき課題があったとしても、堀田助教の研究が画期的であることに疑いはない。国内では初めて、ゲノム編集技術を使った病気の治療法の開発が始まることになるかもしれない。

「実はアメリカではすでにマウスの筋ジストロフィーをゲノム編集で治したという趣旨の論文が発表されました。僕の研究は確かに日本では早いほうですが、世界はどんどん進んでいます」

最終的に医療へ応用するのはどちらが先か。シビアな戦いが繰り広げられることになるだろう。日本は、薬が開発されるまでに非常に時間がかかることが大きな問題になっている。しかも、先行する事例がない中、「生身の人間の遺伝子を、生身の人間の体の中で治す」薬の開発は、そうスムーズに進まないだろうということは想像に難くない。

「大変な道だと思います。でも、安全性について、しっかりと検証を重ねて、理解をしてもらって、いい治療法につなげていきたいと考えています」

話を一通り聞き終わると、堀田助教は「またいつでも連絡をください」と言って、研究室に戻っていった。堀田助教は質問には力強い言葉で答えるし、マスコミの取材にも堂々と対応する。きっとそれは彼が、この技術が必ず患者を救うことになると信じているからに違いない。もし安心して使えるレベルにまで成長すれば、遺伝子が原因の病気で苦しむ患者にとって、希望の光となるはずだ。

堀田助教のように若い研究者が新しい技術を使って難病に挑んでいる。彼に続く研究者が増えてきたとき、日本の医療界がこの技術をどう受け止め、どう使っていくのか、大きく注目されることだろう。

サルをモデル動物に

医療での応用が始まったゲノム編集。最も期待が高まるのが創薬の分野だ。薬を開発する過程では、その安全性や有効性を動物で試してからヒトでの検証が行われる。こうした実験動物を「疾患モデル動物」と呼ぶが、ゲノム編集を用いてこれまでにないほど簡単にモデル動物がつくれるようになってきたのだ。

疾患モデル動物といえば、これまで主にマウスが一般的だった。開発した薬を、対象となる病気にかかったマウスに与えて、その影響を見るのだ。病気にかかったマウスといっても、人間が人為的につくり出したものである。第二章でも触れたが、ノックアウトマウスという技術によって、がん、糖尿病、骨の病気など様々な病の研究のために、病気のマウスが誕生してきた。しかし、こうした病気の動物をつくることはとても難しく、そのためマウス以外ではモデル動物はなかなか出来なかった。

それをゲノム編集が一気に容易にした。ヒトに近い動物でもモデル動物が次々とつくられ始めているのだ。日本では、小型のサル「コモンマーモセット」で様々な病気を再現する試みが進む。コモンマーモセットはマウスよりも生理学的・解剖学的特徴がヒトに近い動物なので薬の効果をより的確に確認できるという。実験動物中央研究所と慶應義塾大学のグループの共同研究だ。

そして二〇一六年六月、この共同研究チームはコモンマーモセットを使って、世界で初めて霊長類の受精卵にゲノム編集を行い、免疫が働かない状態の再現に成功したと発表した。今後は糖尿病やがん、精神疾患など、様々な薬の開発につなげたいとしている。

二〇一五年に私たちが取材に訪れたとき、実験動物中央研究所・応用発生学研究の佐々木えりか部長は、この研究が創薬開発の飛躍的な効率化につながると語った。そして、これまで治療薬が待ち望まれてきた病気の治療にも希望が持てる、未来の医療のあり方を示唆した。

「今までの方法ではいろいろな病気のモデル動物をつくることはできませんでした。しかし、ゲノム編集が登場したことによって、一気に可能性が広がりました。創薬、難病の根治、様々な研究について展望が開けたことが画期的だと考えています」

サルの受精卵をゲノム編集できるということは、ヒトをもゲノム編集できるということではないか。この問いに対し、佐々木部長は「私たちはヒトでゲノム編集するつもりはない」と答えつつも、ヒトでの応用は可能であるとした。

創薬開発に貢献するコモンマーモセットを見ていると、ゲノム編集の技術の進化を痛感する。倫理的側面や安全性についての社会全体による議論が求められるレベルに限りなく近づいていているという印象だ。果たしてゲノム編集は、どのような医療の未来を切り開くのだろうか。

あらゆる病気が治療可能な社会。そんなバラ色の未来を、人類は手に入れることができるのか。研究者による地道な成果の積み重ねが続けられている。

第六章
困惑する研究現場
〜希望と不安のはざまで〜

二〇一五年八月、東京都千代田区の大きな会議室に、全国から多くの研究者が集まって研修が行われていた。大学にある、動物や植物の遺伝子操作を行う実験施設などからなる、全国大学等遺伝子研究支援施設連絡協議会の研修会だ。この年はいつもと様子が違っていた。

実験動物として扱われるのは主にマウスやラット、それにウサギなど。施設によっては、イヌやウシをはじめとした大きな動物や、植物や微生物などもある。多くの施設では、研究者が研究の傍ら施設の管理運営も行う。そして、所属する研究者が動物や植物を使った実験を適切に行うよう、指導や支援も担っている。遺伝子組み換えをした生物の取り扱いは厳密なルールが設けられていて、若い研究者や学生たちにルールを守らせるのも重要な仕事になっている。

研修が始まって間もないときのこと。ある参加者がマイクを持って、「今日は、答えをもらわないと帰れない」と大きな声を響かせた。

「ゲノム編集をした生物を『遺伝子組み換え生物』として扱うのか、それとも『遺伝子組み換え生物ではない』として扱うのか、その答えがどうしても必要だ」というのだ。会場にいた、ほかの参加者が一斉に顔を上げるのがわかった。その答えこそ、皆が知りたいと思っていることだったからだ。そのあまりに率直な質問をした人物の顔を確認し、次の瞬間、隣の人と目を見合わせる人たちもいた。誰もが、答えを返すことができない質問だった。

ゲノム編集技術を使った研究が急速に進んでいる。実験を行えば、ゲノム編集されたマウスや微生物が誕生する。しかし、こうした生物を、どのように扱うのかルールが定められていない。これこそ、まさに今後、社会を巻き込んで大きな論争になっていく可能性があるポイントだ。ゲノム編集をした生物は、遺伝子組み換え生物と同じなのか、それとも違うのか——。

遺伝子組み換え技術への厳しいルール

ゲノム編集と遺伝子組み換えの技術的な違いについては第二章で説明した。ここでは、遺伝子組み換え技術の歴史を再び振り返りながら、ゲノム編集の実施にどのようなルールが必要だと議論されているか現状を見ていきたい。

遺伝子組み換えは一九七〇年代に大きく進歩した技術だ。ウイルスやある種のバクテリア（細菌）は、感染する相手の遺伝子の中に自己の遺伝子を組み込んで増える性質があることがわかり、これを利用したものだ。すでに述べてきた通り、人にとって有益な生物をつくり出すためにこの技術は発達し、これまで除草剤耐性のダイズや害虫抵抗性のトウモロコシなど様々な特性を持った生物が生み出された。

これらの生物は、厳格な規則のもとで扱われている。最も避けなければならないことは、遺伝子を組み換えられた生物が自然界に出て、野生の生物と交雑して環境中に広まることだ。

例えば、荒れた土地でも早く成長するように遺伝子組み換えをした植物が種をつけ、いつの間にか自然界に出ていったとしよう。その植物は、野山に自生する近縁種と交雑を始める。交雑した植物には、荒れた土地でも早く成長する遺伝子が受け継がれてさらに広がっていく。この遺伝子の強みを活かして、これまでは生えることができなかった土地にも生い茂るようになり、従来の植物の生息域を奪っていく。そして、対処しようと思ったときには野生種との交雑が広がりすぎて、完全に駆除することができなくなってしまう。

現在のように管理がきちんと行われていればまず起きないことだ。しかし、きちんとした規則がなければこうしたことが起きて、多様で豊かな自然が失われてしまうという懸念がある。それを起こさないために整備されたのが、いわゆる「カルタヘナ法」と呼ばれる法律だ。国際的取り決めである「カルタヘナ議定書」に基づいて制定された国内法である。遺伝子組み換えを行わない実験は、基本的にガイドラインや指針など、専門家や関係者が自主的に定めたルールで行われている。しかし、遺伝子組み換え技術についてはその扱いを法律で厳密に定めているのだ。その中では、遺伝子組み換えを行った生物は、自然界から適切に隔離することと、隔離した施設の外に出すときには、生態系に影響が出ないことを確認することが義務付けられている。

しかし、そのルールが厳しすぎるという不満を持つ研究者は少なくない。自由な研究ができなくなっていて、遺伝子組み換え技術が社会に貢献することを妨げる結果になっていると感じている人もいる。

研究機関では、遺伝子を組み換えた生物を扱う実験室が決められている。定められた場所以外で遺伝子組み換えをした生物を育成・培養することはできない。そして、指定された実験室には、育成・培養している生物がいつの間にか部屋の外に出ていかないように、入り口に遮蔽する板を設置するなどルールが細かく設定されている。

植物の場合は、花粉が施設の外に出ないように換気扇にも特別な工夫がなされている。厳重に管理された実験室での研究が終わると、屋外の圃場などで規模を大きくして栽培の実験を行う段階に入る。しかし、それも簡単にはいかない。圃場周辺の環境の植物などを調べて、交雑する可能性の植物がないかなど、データをそろえて環境省などの大臣の承認をもらうことになる。研究者が行うにしては膨大な労力が必要になる。商業栽培を行う際も同様で、栽培をする場所を対象に、データをそろえた上で大臣の承認を受ける必要がある。企業は手続きのコストを考えると容易に手が出ないという。

研究者が漏らした不満

第二章で紹介した通り、農林水産省が所管する研究機関、農研機構は、遺伝子組み換え技術を使った新品種の作物をつくり出す研究において、実績でも設備でも国内の最先端と言える。様々な特徴を持つ作物の開発が行われており、茨城県つくば市にある農研機構の敷地の一角にも、栽培試験を行う田んぼがある。そこに植えられていたのは、スギ花粉のアレルギーを低減させるコメだという。遺伝子組み換え技術で、コメにスギ花粉のアレルギー症状の原因となる「抗原決定基（エピトープ）」をつくらせる、新しい品種をつくり出していた。このコメを食べることで、少量のアレルギー物質を体内に取り込み、それによってスギアレルギーの症状を緩和しようという試みだ。これを「減感作作用」という。

夏の暑さも越えた頃、見学に行ったことがある。収穫の時期が近づいており、イネが穂を垂れていた。しかし、ふつうの田んぼとは明らかに違う点がある。田んぼ全体がネットで覆われていたのだ。スズメなどの鳥がコメをくわえて飛び立ち、施設の外へ遺伝子を組み換えたコメを拡散させないためだという。担当者に話を聞いたところ、「屋外の栽培試験にこぎ着けるまでの労力と手続きはとても大変だった」と繰り返し述べていた。

遺伝子組み換え作物をつくり出していく日本の中心施設でも、研究者は制度面のハードルが高すぎると強調していたのだ。ましてや、教授と数人の職員で運営されている一般の大学の研究室では、遺伝子組み換え植物の開発と屋外での試験的な栽培などはまず無理だという。実際に、日本国内で遺伝子組み換えをした植物の屋外での栽培はほとんど行われていない。

こうした事情をふまえると、ゲノム編集した生物を遺伝子組み換えと同じように扱うべきかどうかは、研究者にとっては、決して理念的なものではなく、日々の研究に直結する差し迫った問題と言える。ゲノム編集が遺伝子組み換えの一種であるとして規制されれば、研究開発のスピードは必然的に遅くなるだろう。一方、「遺伝子組み換えではない」として規制が緩やかになれば、開発のスピードは増すに違いない。巨大ビジネスへとつながる可能性を秘めたゲノム編集について、社会的な議論が進まない中で研究者の思いが交錯している。

遺伝子組み換えと同じなのか

この課題は、研究者だけのものではなく、私たち消費者にも関係してくる。「遺伝子組み換え」という記載がスーパーマーケットに並ぶ食品に表示されていたら、あなたはどのように感じるだろうか。

研究者の中からは、ゲノム編集をした生物に、「遺伝子組み換え体」として一律に厳しい取り扱いを課すようなことはすべきでないという意見が上がっている。「ゲノム編集は、遺伝子組み換えとは本質的に違う」とする立場だ。ゲノム編集でも、別の生物の遺伝子を入れ込んだものは遺伝子組み換えと同様に扱うことに研究者の多くは異論がない。一方、ねらった遺伝子を壊しただけの場合は複雑だ。

では、こうしたゲノム編集をした生物は、遺伝子組み換えと何が同じで、何が違うのか。それぞれの代表的な意見を記してみよう。

【遺伝子組み換えとは〝違う〟派】

「ゲノム編集された生き物は、一般の生き物と同じだ」

ゲノム編集で「ピンポイントで遺伝子を破壊した生物は、自然界の突然変異と同じだ」という考え方である。ゲノム編集である特定の遺伝子を壊し、機能を止めたケースで考えてみる。こうした変異は自然界でも起きている。太陽からの紫外線や自然界の放射線で遺伝子は絶えず傷つけられ、細胞内では遺伝子の変異が蓄積されている。さらに、突然変異体として、少し変わった生物が誕生することは、生物の集団の中で絶えず起きている。

例えば、第二章で述べた白いカエルだ。色素をつくる遺伝子をゲノム編集によってピンポイントで壊してつくり出した。この白いカエルは、自然界にも存在しているだろう。何万、何十万分の一かもしれないが、この白いカエルと同じ突然変異のカエルはどこかの川のほとりにいる。まれに珍しい白いカエルが捕獲されたというニュースが報道されることもある。第一章や第四章で紹介した、ムキムキのマダイやウシ。これも、私たちが気付いていないだけで、詳しく調べれば、広い海のどこかや、世界中のどこかの牧場で見つかるかもしれない。人工的につくり出さなくても存在している。除草剤耐性のダイズなど、ほかの生物の遺伝子を組み込んだような、自然界には存在し得ない遺伝子の生物とは違う。ゲノム編集は突然変異を促進する一つの手法と捉えることもできる。自然界にいるものと同じであれば、必要以上に厳しく管理する必要はなく、必然的に緩やかな管理の仕方でいいのではないか。

【遺伝子組み換えと〝同等に扱うべき〟派】

「ゲノム編集された生き物は、厳しいルールを適用して扱うべきだ」

先ほどの例えに従えば、確かに白いカエルは自然界に存在する。しかし、その頻度はまったく自然界とは異なる。白いカエルが誕生するのは、何十万匹に一匹、何百万匹に一匹といった割合だ。自然界で白いカエルを私たちが目にすることはまずない。だから、私たちには、「カエルの体は、緑色、もしくは茶色だ」という共通概念が存在する。しかし、ゲノム編集の技術を使えば、何十匹でも何百匹でも白いカエルをつくり出すことができる。一つの水槽に白いカエルがひしめくように泳ぐ状態ができる。これは自然にはあり得ない。つまり自然界で起きていることと同等とは言い難い。加えて、実際に人が遺伝子を操作しているという事実もある。総合すれば、遺伝子組み換え生物と同様に厳格に扱うべきだ。

現在、国内の実験用の生物を扱う施設は、ゲノム編集をした生物は遺伝子組み換え生物と同じように扱うことにしている。つまり、厳格なルールを適用して扱っている。しかし、これはルールが決まるまでの暫定的な措置で、あくまで研究者たちによる自主的な取り組みに過ぎない。さて、皆さんはどうするべきだと思いますか。

食卓にゲノム編集された食べ物が並ぶとき

技術的な進歩だけが続き、社会の認識と溝が大きくなると、そのギャップが原因となって社会的な混乱を引き起こす可能性がある。例えば、ゲノム編集をした作物や家畜を食品とすることを想定した研究は世界中で進められている。

これまで、コメやムギは重要な作物として位置づけられ、遺伝子の解析が進められてきた。

収量が多くなる遺伝子や茎が倒れにくくなる遺伝子、それに乾燥に強い遺伝子など様々な特性について遺伝的な研究が蓄積されている。こうした優れた特性を備えたコメやムギの品種をつくるには掛け合わせのほか、突然変異を誘発する変異原を使った育種など従来の品種改良が行われてきた。

そして、基礎研究のレベルではコメやムギを対象に遺伝子組み換えで新しい品種を生み出す試みが数多く行われている。しかし、実際に遺伝子組み換えでつくられたコメは一般市民の消費を前提とした商業栽培は行われていない。

その背景には、遺伝子組み換えではねらい通りの操作ができないことと、開発から商業的な栽培までルールが厳しいために、国内の企業はコストがかかるとして嫌がるという事情がある。それにもう一つ大きな要素もある。それは、消費者の感情だ。毎日のように食べる主食の穀物における遺伝子組み換えは、消費者の抵抗感が大きくなる。だから、これまでも市場に出ているのはトウモロコシやダイズの遺伝子組み換え体などが主なものだ。遺伝子組み換えに対して反発が小さいとされるアメリカでも、主食であるコムギに対して遺伝子組み換えをして商業栽培するという動きはない。

では、遺伝子組み換えより、「自然の状況に近い」とされるゲノム編集が、穀物などの作物や畜産の品種改良に使われ、食べ物として商業利用されていくことはあり得るのか。そうなる可能性は十分にある。蓄積された遺伝子の知識と、ゲノム編集を組み合わせれば、有用な品種を生み出せる。そして、その品種改良のスピードはこれまでと比べようがないほど速い。乾燥に強い性質や収量が多い性質など優れた特性を持った作物が開発されるだろう。

世界の人口は約七〇億人になり、二〇五〇年には九〇億人を突破するとの試算もある。食料問題を考えると大切な研究だとも言える。実際に、ゲノム編集によって農作物の品種改良を行う研究は世界の各地で行われている。特に、アメリカや中国で、急速に進められているという。コメやムギなども当然対象だ。野菜や果物も研究対象になっているし、畜産でもブタの品種改良への応用の報告もある。水産物への応用は第一章で紹介した通り始まっている。いずれも研究段階ではあるが、世界的には商業利用に向けて着実に進んでいる。

研究者の間では、ゲノム編集された農作物が世界のどこかで市場に出回るのはそう遠くないのではないかとささやかれている。そのときに驚かないように、社会の側も準備する段階に来ていると言えるだろう。

ゲノム編集には痕跡が残らない

ゲノム編集によって生み出された食品をめぐっては、これまでにないやっかいな問題がある。それは、遺伝子を破壊した操作だけであれば、ゲノム編集によってつくり出されたものかどうか、客観的に証明するのが不可能だということだ。すでに述べたように、ゲノム編集で遺伝子を壊しただけであれば自然界で起きている突然変異と同じだ。遺伝子を調べても、ゲノム編集でつくり出したものなのか、突然変異で出来たものなのか、区別がつけられないのだ。実際に起こり得るケースを先ほどの白いカエルを例に説明しよう。

近くの神社でお祭りがあり、屋台で白いカエルが売られていたとする。たくさんの白いカエルが水槽で泳いでいる。客の一人がこれを見つけて、「この白いカエルはどうしたのか。ゲノム編集でつくったものならば、売る前に環境への影響や消費者への安全性は確認したのか」と聞く。すると、店主は「これは家の近くの池の中に白いカエルがたくさん泳いでいたから捕まえてきて売っているだけだ。ゲノム編集とやらでつくったというならば証明してみろ」と答えた——。

現在、この白いカエルをいくら調べても、ゲノム編集を使ったと証明する手段は存在しない。

どんなに精密な検査機器を持ち込んでもわからないのだ。ゲノム編集では、痕跡が残らないからだ。遺伝子組み換えのように、様々な位置に遺伝子を入れ込んでしまう方法であれば、遺伝子の中のどこかに痕跡が残る。調べれば、組み換えたことがわかってしまう。しかし、ゲノム編集は正確にねらった遺伝子だけを破壊し、時間が経てばガイドRNAやキャス9も分解される。「自然に出来た突然変異だ」と主張されると反論できない。

こうした状態が、農畜産物でも起きる可能性は否定できない。ゲノム編集でつくり出した農畜産物をどのように扱うか、世界共通のルールはない。このままであれば、私たちの食卓に、いつの間にかゲノム編集をした食べ物が並んでいるということが起きるかもしれない。

農林水産省はOECD（経済協力開発機構）を通じてゲノム編集による作物などの開発状況を確認し始めている。OECDはヨーロッパ諸国を中心に日本やアメリカを加えた三四か国が加盟している。加盟国の中では情報が共有されているが、最も積極的に取り組んでいる国の一つとされている中国は加盟していない。

だからこそ、今から広く議論をしておかなくてはいけない。ゲノム編集された作物や畜産物をどのように考え、どのような手順であれば食品として受け入れることができるのか。決して遠くない将来、私たちに突きつけられる問題となるだろう。

ゲノム編集食品は安全か

ねらった遺伝子を壊しただけであれば、研究者の多くは、ゲノム編集をした作物や畜産物は従来の遺伝子組み換え作物よりも食品として安全性は高いと考えている。当然、どの遺伝子を壊したのか精査する必要はあるが、別の生物の遺伝子が入り込んでいるわけでもない。そして改変した部分も、遺伝子組み換え技術よりもピンポイントであり、思わぬ事態が起きる可能性は低いというのが理由だ。

それでも、消費者がどう受け止めるかは未知数だ。この課題をどうクリアするのか。私たちは、第一章で紹介したマダイの研究者、京都大学の木下政人助教に尋ねた。「やっぱり遺伝子組み換え食品には抵抗がありますか」と木下助教は笑う。そもそも、遺伝子組み換え食品は安全であると指摘した上で、遺伝子組み換えとの違いについて説明してくれた。

「以前の遺伝子組み換えというのは、外来遺伝子を導入して、それが染色体のどこに入っているだとか、どれくらいの数が入っているかということが、わからなかったわけです。そのことが、ある種の不安をあおる要因になっていたかもしれない。しかしゲノム編集では、元もと存在する遺伝子を編集する上に、ターゲットになっている箇所は明確なので、『この染色体の、ここが、こう変わった』ということがはっきりと情報として出せるのです。安全性は高いと考えています」

実際に市場で売り出していく際の課題はないのだろうか。この問いに対しては、木下助教も遺伝子組み換えへの抵抗感を例に挙げ、懸念を示した。遺伝子組み換え技術によって生まれた農畜産物は、別に危険であったり有害であったりすることはないのだが、特に日本では「自然に出来たもの」をよしとする風潮が強く、人工的につくられたイメージのある遺伝子組み換え食品は避けるべき対象となっていたというのだ。

「まず、成分の分析です。どの細胞のどんな遺伝子が働いているかきちんと調べることが大事です。そしてできればマウスなどの実験動物に食べさせて、安全性を確かめてから市場に出すのが一番よいと思います」

そして、木下助教は、マダイの研究について次のように繰り返した。

「私たちの研究は、遺伝子組み換え技術と違って、外来の遺伝子を入れ込むことをしていません。ミオスタチンという、動物の中に存在する遺伝子の働きを一つ抑えただけです。これは自然界でも突然変異としてよくあることです。このことを、消費者の皆さんにしっかりと説明することが大事です」

遺伝子組み換え作物に対して安全性を判断する役割を担っているのが厚生労働省だ。ゲノム編集された食品を、どのような手順を踏んで許可するかについて、厚生労働省は「個別の事例によってケースバイケースで判断する」としている。つまり、一般論としては判断できないため、個別のケースによって遺伝子組み換えと同じように対応するのか、それともしないのか考えるということだ。

ゲノム編集は、食品の安全とは何か、改めて考えさせられるきっかけの一つとなっている。

「安全なゲノム編集」への取り組み

植物の育種学が専門の筑波大学の大澤良(おおさわりょう)教授を中心に、一般の人たちにゲノム編集を受け入れてもらうための取り組みが進められている。

大澤教授のアプローチは主に二つだ。

一つ目は、「どういう条件をクリアすれば安全な食品とみなせるか」という基準づくりだ。一般の人から見ると、ゲノム編集されて生まれた食品は「何が起こっているのかわからないので何となく心配だ」という漠然とした不安を抱く可能性がある。そこで、消費者が「安全だ」と自然に納得できるような基準をつくる必要があると考えた。

二つ目は、一般の人たちにゲノム編集について正しい知識を持ってもらうとともに、何が不安なのかを聞き取る作業だ。一般向けの説明会のほかにも、農家や流通業者などに対してゲノム編集で食品をつくり販売するメリットを説明する機会を設けている。さらには、数千人規模のインターネット調査を行って、一般の人たちの率直な考えをくみ取る作業も行っているという。

大澤教授は、ゲノム編集のような新しい技術が受け入れられにくい背景として、一般の人たちにとってのメリットが十分伝わっていないことが挙げられると指摘する。研究室と世間をつなぐ橋渡し役として、双方の言い分を聞き取り伝えることで少なからず理解は深まっていく。当面はこうした作業を続け、現在研究が進められている食品が市場に出る頃までに、新しい技術を受け入れられるような環境を整えていきたいと考えているという。

クリスパー・キャス9は誰のものか

研究者の世界に衝撃を与え、社会にも影響を及ぼそうとしているゲノム編集ツールの第三世代、クリスパー・キャス9。それがどれほど画期的な技術であったかは、第二章、第三章で述べたが、今後、商業的に応用していくにあたって見過ごせないポイントが存在する。特許の問題だ。巨大な利益を生み出す可能性があるクリスパー・キャス9は誰のものなのか——。

特許は、新しい技術などについて、発明をした人に国がその権利を一定の期間保護するものだ。つまり、発明をした人は、クリスパー・キャス9が使われる際、特許料などを請求することができる。クリスパー・キャス9によって生み出された商品に対しても同様に権利が及ぶと考えられる。クリスパー・キャス9がゲノム編集のツールとして使える可能性を初めて論文で発表したダウドナ博士とシャルパンティエ博士。ほ乳類の細胞の中で実際にクリスパー・キャス9が働くことを示した論文を発表したチャン博士。この両者が特許をめぐって激しい争いを繰り広げている。

ダウドナ博士とシャルパンティエ博士の「バークレー・チーム」は、二〇一二年八月に誰よりも早くクリスパー・キャス9の論文を発表している。そして、論文に先駆けて同年五月にアメリカ特許商標局に特許を出願している。

産業への応用が期待される技術の開発に関する研究では、データがそろって論文発表が近づくと、研究者は特許出願の準備も始めるケースが多い。そして、まず特許を先に出願し、そのあとに論文を発表する。バークレー・チームも、その定石通りの手順を踏んだ。

一方、ブロード研究所のチャン博士率いる「ブロード研究所チーム」は、二〇一三年二月にバークレー・チームからおよそ半年遅れて、クリスパー・キャス9がほ乳類の細胞でも働くことを示した論文を発表。特許を出願したのは二〇一二年一二月。もちろんダウドナ博士とシャルパンティエ博士が論文を出したあとのことである。つまり研究発表も特許出願もダウドナ博士らバークレー・チームのほうが早かった。しかし、事態が複雑になるのは、このあとからだ。

アメリカの特許商標庁は、特許をブロード研究所チームに認めた。ブロード研究所チームは、追加手数料などと引き換えに優先して審査を受けることができる「ファストトラック（fast track）」という制度を使ったのだ。ブロード研究所チームは、バークレー・チームよりも先に、クリスパー・キャス9の技術を発明していた証拠として、実験ノートも提出したと言われている。

アメリカは長く、特許を先に発明した人に認めることを原則としてきた。これを「先発明主義」という。出願が遅くても、先に発明していることを証明できれば特許が認められるという考え方だ。この結果にバークレー・チームは黙っていなかった。ブロード研究所チームに認められた特許に新たに一一の特許を加えた上で、アメリカ特許商標庁に異議申し立てを行い、誰が本当の発明者なのかを決める裁判の形を取った特許の係争手続きである、「パテント・インターフェアレンス（patent interference）」を申請したのだ。これが二〇一六年三月に認められた。今後、双方からクリスパー・キャス9を開発した証拠などを聞き取り、判断されるという。

クリスパー・キャス9を利用して商品開発をしようという企業からすれば、特許問題がどう決着するかは重要な関心事だ。学術目的の研究は別であるが、営利を目的とした商品開発の場合には開発段階や販売される商品に対して特許料の交渉をしなければならない可能性が出てくる。特許が最終的に誰のものになるか明らかになるまで、企業がクリスパー・キャス9を利用する際の不安材料になるのは確かだろう。

アメリカは二〇一三年三月から、先発明主義から、初めに特許の申請をした人に特許を認める、「先願主義」に制度を変えている。制度が変わる直前に起きたこの特許の係争は、巨大な利益を生むことが確実視されているだけに両者が一歩も引くことなく争われている。

ノーベル賞は誰の手に

この特許をめぐる争いを占う上で重要なものがある。ノーベル賞の行方だ。クリスパー・キャス9は開発からわずか数年で、ノーベル賞の有力候補として多くの人が認める存在になっている。ノーベル賞の選考にあたるスウェーデン王立科学アカデミーが賞を出すときに大切にしている点は「誰のオリジナルの研究か」という部分だ。最初のきっかけをつくった重要な研究を科学的に調べ上げて対象を三人以内に絞る。そのため、著名な科学者が対象になるとは限らないことがあり、ほとんど注目されていなかった人が受賞してサプライズが起きることがある。

二〇〇二年に島津製作所の田中耕一氏がノーベル化学賞を受賞したのは、まさにそうした背景からだ。レーザーを使って生体高分子の質量を計測する技術開発で、きっかけとなる成果を上げたとして受賞した。しかし、その分野で田中氏はほぼ無名の存在だった。田中氏がノーベル財団から受賞を知らせる電話を受け、賞を受けるか尋ねられたとき、「ありがとう」と言いながらも、「ノーベル賞に似た名前の賞があるのだなと思った」というエピソードは有名だ。それぐらい、ノーベル賞はオリジナルはどこにあるか徹底的にこだわって賞を出す。

クリスパー・キャス9とゲノム編集を対象にノーベル賞を出す際に受賞者はバークレー・チームなのか、それともブロード研究所チームなのか、それとも両方なのか、特許の行方を示唆するものとしても注目されている。

特許をめぐる争いを飛び越えてしまおうという動きもある。世界中で活発化する、クリスパー・キャス9を超える新たな物質を探して自分たちで特許を得ようという競争だ。

ブロード研究所チームは、二〇一五年にキャス9とは異なる酵素、「Cpf1」を使う方法を発表している。また、より小型の酵素も細菌から見つかっている。小型だと、細胞に入れたときに負担が小さくて済むため、使いやすいと言われていて新規の特許につながる可能性がある研究と見られている。

人類を改変する

「デザイナーベイビー」という言葉を聞いたことがある人も多いと思う。一般に、受精卵などの段階で遺伝子を操作して、親の好みの特性を持たせた子どものことを指す。背を高くしたり、瞳を好みの色にしたり……。SFの小説や映画では設定の一つとしていろいろな作品に登場する。一方、科学者の間では、あくまでSFの世界でのものとされてきた。これまではデザイナーベイビーを実現できる技術がなく、喫緊の問題ではなかった。しかし、その状況は、一変した。ゲノム編集を使えば技術的に実現できる可能性があるというのだ。

二〇一五年四月、世界を駆けめぐったニュースがあった。中国の広東省広州市にある中山(ちゅうざん)大学の研究グループがゲノム編集の技術を使って、重度の貧血をもたらす「βサラセミア」という血液の病気に関する遺伝子の改変をヒトの受精卵で行ったと発表したのだ。受精卵は正常に発生できないものを使い、母胎にも戻していないので、個体としてのヒトをつくり出すものではなかった。しかし、ヒトの受精卵を対象にしたゲノム編集が報告されたことに多くの人が驚いた。

NHKでもこのニュースを大きく報じたほか、多くの機関が反応した。アメリカのホワイトハウスは「政府は、臨床目的にヒト生殖細胞系の遺伝子改変を行うことは、現時点で越えてはならない一線と信じる」という声明を発表した。日本とアメリカの遺伝子細胞治療学会は「遺伝子が改変された受精卵が成育することにつながるゲノム編集技術の応用を当面禁止すべき」という見解を示した。そして、アメリカの医学研究を主導するアメリカ国立衛生研究所（NIH）は、「ヒト受精卵への遺伝子改変研究には助成を行わない」との立場を明らかにした。

ヒトの受精卵は、卵と精子が受精したもので、母胎の中で細胞分裂を繰り返しながら成長し、やがては赤ちゃんになる。一般の体細胞へのゲノム編集を行うこととは、大きく違う意味を持つ。

体細胞とは、筋肉や脂肪、神経など様々な細胞に分化して体をつくっている細胞のことだ。体細胞に対して遺伝子を操作して病気を治療しようという臨床応用はすでに行われている。遺伝子の変異が原因で免疫がうまく働かない重度の病気に対して、遺伝子を操作した免疫系の細胞を体内に戻すといった治療などがそうだ。こうした遺伝子の改変は、治療を受けた人にしか影響を与えない。次の世代に受け継がれることはないのだ。

しかし、生殖細胞系と言われる、卵や精子、それに受精卵の遺伝子を改変すると事情はまったく異なる。改変された遺伝子は子どもの世代、孫の世代、さらにその次の世代へと受け継がれていく。

世代を超えて影響を及ぼすことを人為的に行うことに倫理的な問題はないのか――。将来的に、思わぬ不都合が起きることは本当にないと言えるのか――。まさに「人類を改変する」ことの是非が突きつけられている。

分かれる見解――ヒト受精卵へのゲノム編集

取材を重ねると、ヒト受精卵にゲノム編集を行った中国の大学の研究に対しては評価が分かれていることがわかった。冷静に受け止める研究者は、この研究は遺伝子の改変を行った受精卵を母胎には戻していない上に、ヒト受精卵にゲノム編集を行うにはオフターゲット作用などの技術的な課題がまだ多いことを科学的に確認したもので、手続き上の問題もなく、科学として意味があるという評価だ。

一方で、この研究を批判的に捉えている研究者は、中国のグループが対象としたβサラセミアという病気は、有効な治療法があるため、遺伝子を改変する試み自体に意味が薄いとする。つまり、ヒト受精卵を使った遺伝子改変を「やってみたかっただけ」ではないかという意見だ。

二〇一四年に私たちが最初に番組でゲノム編集を取り上げたとき、その中でヒト受精卵へのゲノム編集が実現可能になったことに懸念を示した。中国の中山大学のチームの発表は、それからわずか五か月後のことだった。取材中は、専門家から「ヒト受精卵へのゲノム編集なんて、すぐに心配をする必要はない」と言われることもあったが、番組では「ずっと先の話かもしれないが、極めて重要な問題」として投げかけた。それが、あっという間に目の前に現れた。現実が想像を超えるスピードで進化していることを実感させるものだった。中国の研究を冷静に受け止めていた研究者も、「人類を改変する」ことが可能になった時代にいともあっさりと突入したこと自体には戸惑いを感じていることは間違いなかった。

番組視聴者から寄せられた感想の中には、技術の進歩に期待をしながらも、不安を訴えるものが少なくなかった。「研究者が暴走しないか」「何らかの規制が必要なのではないか」などだった。そして、意見を寄せた人の多くが「国際的なルールづくりが必要と感じた」としていた。

ゲノム編集は、食料問題や医療、エネルギー問題などに貢献する可能性を秘めた極めて有益な技術であることはほぼ疑いがない。それはこの本で何度も強調してきた通りだ。ただ、ルールもなく、市民が「気持ち悪い」という感情だけを抱くような事例が積み重なると、技術の応用を進めようという機運がそがれていく恐れがある。研究者自らが、この技術をきちんとコントロールする姿勢が求められている。

「ヒトゲノム編集国際会議」の開催

中国でヒトの受精卵を対象にした研究が行われたことで、ゲノム編集をめぐる状況は大きく変化した。この技術が大きな成果とともに、倫理的な問題を生み出すことが現実の懸念となり、野放しにすることの危険性について言及する人が増えたのだ。そして、ゲノム編集を扱う研究者のコミュニティの中には、「世の中の懸念に応えなければ、この技術に必要以上に規制がかかる可能性がある」という危機感が芽生えた。

特にアメリカの科学者団体の反応は早かった。アメリカ科学アカデミーではヒト受精卵に対するゲノム編集について、コンセンサスをつくろうという動きが活発化していた。二〇一五年の夏頃から、ゲノム編集の世界的な権威が、国際的な会議を開こうと具体的な検討に入ってい

米英中の学術団体が中心となり行われた、「ヒトゲノム編集国際会議」。約20か国・数百人の研究者らが参加した

ることなどが漏れ伝わってきた。

国際会議での議論はヒト受精卵などへの応用を禁止するようなものになるのか――。関係者が注目する中でその会議は開かれることになった。

二〇一五年一二月、三日間にわたってアメリカの首都ワシントンDCで「ヒトゲノム編集国際会議」が開かれた。異例だったのは、主催した団体だった。アメリカ科学アカデミーと、イギリスの研究者からなるイギリス王立協会に加えて、中国科学院も主催者として名を連ねていた。こうした国際会議で、中国科学院が主催者側で入るのはまれなことだ。国際会議における決定を中国に守らせることを強く意識した結果ではないかという憶測が流れていた。

会議には、世界のゲノム編集の第一人者や一線級の生命倫理学者が集められた。日本からも数名が参加した。北海道大学の石井哲也（いしいてつや）教授は登壇して、倫理面の課題について発言を行った。

アシロマ会議とカルタヘナ議定書

遺伝子を操作する技術についてこのような国際会議が開かれるのは初めてではない。遺伝子組み換え技術が登場した一九七〇年代にも同じような国際会議が開かれていた。一九七五年、アメリカのカリフォルニア州アシロマで開かれた、通称「アシロマ会議」だ。世界中でルールを定めずに遺伝子組み換え生物をつくり出すと、多様な生物によって出来ている豊かな地球環境に取り返しがつかない影響を与えてしまうという危機感から開かれたものだった。

アシロマ会議で検討された懸念は各国のガイドラインなどになり、さらに発展して、カルタヘナ議定書と呼ばれる国際的なルールとなっていった。二〇一四年一〇月時点で一六〇か国以上と欧州連合（ＥＵ）が署名した。日本ももちろん締結していて、国内では、この条約を基に、いわゆるカルタヘナ法が整備された。この中では遺伝子組み換え技術が人類の福祉に大きな貢献をする可能性があるとする一方で、輸出入の手続きや安全な取り扱いなどを定めている。本章冒頭でも取り上げたが、研究の現場で関係してくるのは、遺伝子を組み換えた生物を使った実験や育成・培養をする際の取り扱いだ。

当時の科学者たちがリーダーシップを発揮して自ら大規模な国際会議を開き、考え方を整理したことで、その後ルールがつくられ、多様な自然を守ることへの合意とともに研究者に対する信頼が醸成されてきたと言える。

研究の自由を重視する研究者の世界で、自らルールをつくって規制しようとするのは、極めて異例のことだ。研究者たちはアシロマ会議以来の危機感を持っているのかもしれない。ヒトゲノム編集国際会議は、社会への責任を果たそうとする科学者たちの意思を感じさせるものだ。

国際会議が発表した声明

ヒトゲノム編集国際会議は、三日間の議論の末に声明が発表された。概ね、次のような内容だ。

ヒトの生殖細胞や受精卵へのゲノム編集は、基礎研究については、適切な法的、倫理的なルールのもとに行われるべきこととした。しかし、臨床応用、つまり母胎に戻すような臨床研究や治療については、技術が不正確だったり、不十分だったりする危険性がある上、有害なことが起きるかどうか予測することは難しいとの懸念が示された。さらに、将来の世代への影響や、一度改変すると元に戻すことは難しく、影響は一つの国や地域にとどまらない点なども指摘している。そして、安全性と有効性の確認、社会的なコンセンサスなどの条件が満たされない限り、ヒトの受精卵や生殖細胞をゲノム編集して臨床利用を進めることは無責任であるというものだった。

ゲノム編集を行った生殖細胞や受精卵を母胎に戻して臨床応用することは禁止する一方で、基礎研究は「行われるべき」としたところが特徴だ。そして、継続的な議論の場として国際フォーラムが必要であると提言しており、将来的には臨床応用への道も残している。

研究者たちは、一定の歯止めはかけ、結論は先送りしたとも言える。技術的な発展が進むゲノム編集では、いずれ受精卵や生殖細胞にゲノム編集を行う段階が来る可能性が十分にある。もし実現すると、これまでにない新しい医療技術となっているだろう。大きなビジネスにつながる可能性もある。研究者はゲノム編集のもたらす恩恵への期待と不安のはざまで、難しいバランス感覚を試されている。

相次ぐヒト受精卵を使ったゲノム編集

イギリスのフランシス・クリック研究所は二〇一六年二月、ヒト胚の発生メカニズムの解明と、不妊治療に役立てる目的でヒトの受精卵にゲノム編集を行う研究について国の独立した管理機関から承認を受けたと公表した。このケースでも、ゲノム編集が行われた受精卵が母胎に戻されることはなく、あくまで基礎的な研究にとどまっているが、正常な受精卵を使う研究を国が承認したのは初めてではないかと見られている。今後も、「母胎に受精卵を戻すことはしない」という条件付きで、様々な病気の治療法の開発に向けて、こうした基礎研究は進められるだろう。

そして同じ年の四月、新たな報告が出た。中国の広東医科大のチームがヒト受精卵に対してHIV（エイズウイルス）に感染しないよう操作するゲノム編集を行ったという。二〇一五年四月に、ヒト受精卵へのゲノム編集を行った中山大学とは異なる研究グループだ。やはり基礎研究の範囲である。ヒトゲノム編集国際会議で、基礎研究は適切なルールのもとで行われるべきものとされたあとだったため、ショックはかなり和らいでいた。それでも中国でヒト受精卵へのゲノム編集が活発に行われている現状が垣間見られる出来事だった。

ヒトの受精卵をゲノム編集して、デザイナーベイビーのように特性を変えることが本当に可能なのか。そんなに簡単にはできないという研究者もいる。遺伝子が支配している特性は、一つではなく、いくつもの遺伝子が関係し合って決定されているもののほうが多いからだ。

そうしたことを念頭に、遺伝子の複雑な関係に対応できるようにと、ゲノム編集の技術革新は続いている。複数の遺伝子を同時に変化させる技術開発も行われている。特にクリスパー・キャス9は一度に複数の遺伝子を改変することが得意な技術だとされている。ブタを使った実験では、一度にねらった六〇か所以上の遺伝子を同時に改変できたという報告がされた。

日本政府の見解

日本の国内でもヒトの受精卵や生殖細胞にゲノム編集をすることをどのように考えるべきか検討する会議が開かれた。内閣府の総合科学技術・イノベーション会議の中の生命倫理専門調査会だ。この専門調査会の場で、日本の規制や指針の中でゲノム編集をどのように捉えるべきか整理が行われた。

まず一つ大きなポイントがあった。受精卵や生殖細胞の遺伝子を改変することは、別の先端医療の指針で禁止されていることがわかったのだ。「遺伝子治療等臨床研究に関する指針」の中で「ヒトの生殖細胞などの遺伝的な改変を目的とした遺伝子治療の臨床研究と、ヒトの生殖細胞などの遺伝的な改変をもたらす恐れのある遺伝子治療などの臨床研究は行ってはならない」(大意)と定められていた。

ゲノム編集のヒトへの応用は、遺伝子治療の中の一つであると考えれば、受精卵や生殖細胞に行って母胎に戻すことはすでに禁止していることになる。それでも、専門調査会は見解を「中間とりまとめ」という形で公表した。ヒトゲノム編集国際会議の見解をふまえつつ、さらに一歩踏み込んで慎重な姿勢を見せた内容となった。

基礎研究については「容認される場合がある」とした。ヒトゲノム編集国際会議では「行われるべきもの」としたのに比べると、より強く制限している。何でもやっていいということではなく、必要であるか十分に精査した上で行わなければならないということだ。さらに臨床応用については、現時点では技術的な課題があると述べた上で、社会的な考え方にも言及している。「遺伝子は過去の人類からの貴重な遺産であることを考えると、現在の社会において生活する上での不都合を理由に次の世代に伝えないという選択をするよりは、その不都合を受け止められる社会をつくるべきだという考えもある」と指摘して臨床応用は容認できないとした。そして、専門調査会はこうした検討結果を示すことで国民の関心を一層高めて、研究者コミュニティに対して、科学的・倫理的・社会的な観点から開かれた議論を積極的に主導することを期待していると結んでいる。

「人類を改変する日」が到来するまでに社会で成熟した議論がなされていくことを期待したい。

想定される、臨床応用

ゲノム編集に対する社会の関心の高まりを受けて、ＮＨＫでは二〇一五年九月から、ゲノム編集をテーマに八回シリーズのドラマを放送した。その名も「デザイナーベイビー～速水刑事産休前の難事件～」。生殖医療のタブー、つまり「ヒト受精卵の遺伝子操作」をテーマに、デザイナーベイビーという難題を真っ向から取り上げた、サイエンス・ミステリーだ。原作者は産婦人科医で作家の岡井崇（おかいたかし）氏。二〇一二年に発表された原作では、ゲノム編集の話は入っていなかったが、最新の遺伝子操作の情報を盛り込もうと、制作陣が脚本をアップデートした。主人公である産休前の女性刑事役を黒木メイサさんが好演して話題を集めたので、ご存じの方もいるかもしれない。

脚本の制作にあたっては、スタッフが産婦人科医たちに取材を行った。多くの医師が「難病の治療のためなら、受精卵にゲノム編集を行う治療を検討したい」と話したという。

技術的な課題が克服され、しかも社会の要請も高まってヒトの受精卵や生殖細胞に対するゲノム編集が解禁されるときが来たら、臨床応用はどのような形で実現するだろうか。最初の事例は、ゲノム編集でなければ救うことができない致死的な遺伝的変異を対象に行われるのかもしれない。治療法がなく、死が運命づけられた子どもたちを救うためならば、ヒトの受精卵に対してゲノム編集を行う倫理的なハードルは比較的低くなるかもしれない。初期においては、こうした事例が積み重ねられると予測される。そして、徐々にその技術の使われる範囲は広くなっていくのではないか。がんや慢性疾患、加齢によって増える疾患への応用。より健康に、より幸せな人生を送るために。

どこに越えてはいけない一線があるか見極め、制御することが私たちにできるだろうか。

科学技術の進化をいかに見るべきか

ある研究者と話していたとき、彼がふと本音を漏らしたことがあった。「もしかしたらとんでもない技術を使っているのかもしれないと感じることがある」と。

クリスパー・キャス9の登場と時を同じくして、ある科学的な議論がニュースになっていた。話題となったのは、高病原性の鳥インフルエンザウイルス「H5N1」のどの部分が変化するとほ乳類に感染するようになるかを示す実験に関する論文だった。

高病原性の鳥インフルエンザは、本来は鳥と鳥の間で感染する。しかし、ウイルスが変化してヒトに感染するようになると、世界的な流行、つまりパンデミックが起きて多くの人が死亡し、社会的な大混乱が起きるとされている。そのウイルスの中でも最も警戒されているものの一つがH5N1だ。アメリカのバイオセキュリティに関する国家科学諮問委員会は、一部の手順などについて詳しい情報の公表を差し控えるように勧告した。これらの論文に記載された内容を悪用すれば、パンデミックを人為的に引き起こせてしまうのではないかと懸念したのだ。要するに、バイオテロを警戒してのものだった。

ゲノム編集は生物兵器の製造にも応用することができる。人類にすばらしい恩恵をもたらす可能性がある技術ということは間違いない。しかし、すばらしい技術だからこそ悪用された場合は恐ろしいことを引き起こしてしまう。そうならないように力を合わせていく努力も、科学コミュニティとその関係者に期待したい。そこから、この技術と科学コミュニティに対する信頼が生まれてくるのだと思う。

二〇一六年五月、アメリカのオバマ大統領は現職の大統領としては初めて広島を訪問した。原爆資料館を見学したあと、平和公園で所感を述べた。その中でオバマ大統領は発達する科学技術のあり方に言及した。原爆の開発と投下を念頭に置いたものではあったが、現在の科学と社会の関係を改めて考えさせられた。

「科学によって、私たちは海を越えてコミュニケーションを図り、空を飛び、病を治し、宇宙を理解しようとしますが、また、その同じ科学が効率的に人を殺す道具として使われることもあるのです。近代の戦争は、この真実を私たちに教えてくれます。（中略）私たちの人間社会が、技術の進歩と同じスピードで進歩しない限り、技術はいずれ私たちを破滅させかねません。原子を分裂させることを成功させた科学の革命は、私たちの道徳の革命をも求めています」

日々の生活を快適にするスマートフォン、世界中の食材が並ぶ食卓、暮らしの中の電化製品。私たちの生活は、科学技術の恩恵に満ち溢れている。だからこそ、ときどき足元を見つめ直すことが必要なのかもしれない。私たちの社会が技術の発展と同じスピードで進歩しているだろうかと。

人類に幸福をもたらすために

現在、科学と技術が相互に影響し合ってその発展の速度は指数関数的に増している。これまでであれば、数十年に一度と言われたであろう大発見が、数年に一度出てくる時代だ。ゲノム編集のクリスパー・キャス9もまさにそんな発見の一つだ。生命科学の革新的な技術は、いつの時代も、社会に不安を与える。大きな発見であればあるほど、その不安も大きいものとなる。

しかし、科学技術が急速に発展する時代を迎えてまだ日の浅い私たちは、その不安に対処する方法をほとんど学んでいない。

生命科学の分野で、世界にインパクトを与えた大発見と言えば、最近ではｉＰＳ細胞の発見もその一つだろう。京都大学ｉＰＳ細胞研究所が取っている戦略の中に、ゲノム編集の今後を考える上で参考になる部分がある。ｉＰＳ細胞研究所が徹底してこだわっているのは、「病気の患者の治療に使う」ということだ。特に、ｉＰＳ細胞でなければできない治療法を開発し、臨床応用することに全力を挙げている。これまで、「利益が出ない」として、製薬会社から見向きもされなかった患者数の少ない難病などの治療にも取り組んでいる。

そして、重要なのが「本気度」だ。研究者の中には、国などから出る研究費を獲得するテクニックとして、社会に受け入れられやすい目標を掲げたり、聞こえのよいテーマを設定したりすることが少なからずある。それとは対極の姿勢が必要となる。社会が本当に必要としていて、ゲノム編集でなければできないことに、困難があっても取り組んでいく姿勢だ。必要性が低いことについて「単に可能だったから」という理由でゲノム編集を行う事例が続くと社会は不安を抱く。危うい事例が出てきたときには、タイミングをはずさずに、研究者自らが勇気を持って声を上げることも求められるだろう。そうした場や仕組みも必要になるかもしれない。

ゲノム編集という技術によって、人類の新しい扉は開かれたばかりだ。その向こうに広がる可能性は、無限とも思えるほど広がっている。一度、開かれた扉を閉じることはできない。行きつく先は、人類の幸福であってほしいと願うのは私たちだけではないはずだ。

おわりに

　ゲノム編集によってもたらされる変化は、技術的な進歩ばかりではない。人間と自然の関係も変わっていくだろう。これは「生命の道具化」と言えるのではないかと思っている。

　人間は、かつて野や山の実りを食べて、自然の一部として存在していた。それが、文明や文化を発達させる中で、作物や畜産動物とともに、人間社会をつくるようになった。住宅地や耕作地、それに都市。危険な動物から身を守り、干ばつや大雨に対処し、自然の影響をできるだけ減らして安定した社会をつくろうと努力してきた。人知の及ばない自然に畏怖の念を抱きながら対峙してきた。文明が高度に発達しても、自然との関係性は今も基本的には変わっていない。

　ゲノム編集の登場により、この状況が変わるのではないだろうか。自然の一部であった生物に、新たな特性を持たせて人間社会に取り込んでいくことが可能となった。これまでよりもはるかに多くの生物が人間に役に立つ道具として人間社会に入ってくる。人間はあらゆる生命を道具として使いながらさらに拡大し、自然との間に新しい関係を迫ることになる。

　科学の発展は目覚ましいものがある。塩基配列を合成したり、読み取ったりする技術が飛躍的に進歩した。それに幹細胞などの体が維持される仕組みもわかってきた。免疫やがんの研究も続いている。個別の生命現象の解析・理解は進み、情報量は膨大になっている。生物学の教科書を見ると、あらゆることが判明したように書いてある。

生命の謎は解けたのだろうか——。

結論から言えば、いまだに生命科学はわからないことだらけだ。わかったことが増えるほど、謎もいっそう増えていく。太古の昔、生命がどのように誕生したのかさえもわからないし、大腸菌一つとして人工的につくり出すことはできない。生命とはそれほど複雑で、現在の私たちは理解できていない。ましてや生物が複雑に影響し合う自然環境はさらに難しい。

ゲノム編集をどのようなことに応用していくかについては、私たちが生命や環境について十分に理解していないことをふまえて行うことが必要になる。「謙虚な姿勢」ということかもしれない。

この本の執筆がまさに終わろうとしていたときに、ペンシルベニア大学の研究グループによるクリスパー・キャス9を使ったがん治療の臨床試験に向けた手続きの一つが承認されたというニュースが入ってきた。アメリカ国立衛生研究所（ＮＩＨ）の「組み換えＤＮＡ諮問委員会」に申請されていた、がんの一種である黒色腫や肉腫などの治療を目的としたものである。

患者の免疫系の細胞であるT細胞を取り出してクリスパー・キャス9を使ってゲノム編集を行い、体内に戻してがん細胞を攻撃して治療するのだという。今後、さらに大学の倫理審査会などを経ることになる。ゲノム編集の医療への応用はここまで来た。近い将来、医療だけでなく、想像もしていなかったゲノム編集の使い方が出てくるに違いない。

ゲノム編集は、まったく新しい世界を提示している。人間と自然の関係も変わる。従来のルールや考え方を当てはめていくだけではその世界を理解し、冒険することはできない。研究者たちだけではなく私たちも同じだ。〝ゲノム編集時代〟の新しい価値観や倫理観を生み出して、社会で共有することが必要になっている。この技術によって拓かれた世界の冒険は、すでに始まっているのだから。

NHK広島放送局ニュースデスク　松永道隆

インタビュー

「ライフ・サイエンスの先端をいくために」山本卓

国内の第一人者が、自身のこれまでの研究と重ね合わせながら、ゲノム編集の現在、そして今後の展望を語る。

（聞き手＝NHK「ゲノム編集」取材班）

ゲノム編集との出合い

○──山本先生は、ゲノム編集技術のトップランナーとして知られていますが、元もとはどのような研究をしていたのでしょうか。

動物発生学が専門で、ウニを使った研究をしていました。ウニの初期発生時に各種の細胞がいかにして生まれていくのか、分子レベルでのメカニズムを解明するというのが研究テーマです。ウニの胚は、三日でおよそ一〇数種類の細胞が出来るのですが、その仕組みを調べていました。

これは余談ですが、動物発生学の世界で、ウニはモデル生物として使われることが多かったのです。理由は二つあります。第一に、胚が透明なので、細胞の分化は目に見える。どんなタンパク質があるのかということが解析しやすいのです。第二に、大量に培養できることですね。

研究の話に戻ると、二〇〇〇年頃、レポーター遺伝子が使えるようになったことが大きな契機でした。レポーター遺伝子とは、ねらっている遺伝子が発現しているかどうかを判別するために、ターゲットの遺伝子に組み込んで使われる遺伝子のことです。「GFP（緑色蛍光タンパク質）」と呼ばれる、特定の波長の光を当てると緑色に光るタンパク質が知られています。

当時、広島大学の同僚だった、物理が専門の柴田達夫先生（理化学研究所・生命システム研究センター所員）と一緒に、このレポーター遺伝子とウニを使って新しい研究をやろうという話になりました。物理学者と生物学者が手を組んでやろうとしたのは、遺伝子の発現をモニターして定量的に捉えることでした。

その頃、一般的だった遺伝子組み換え技術でも、ゲノムにレポーター遺伝子を入れることはできました。しかし、ねらったところ以外にも入ってしまうのです。しかも、細胞の中のどこに入ったのかわからない。なんとか自分の調べようとしている一つの遺伝子だけにレポーター遺伝子を入れて、そこだけが光るようにする。これが私たちの考えていたことでした。

──そこでゲノム編集に出合った、と。

使いやすい技術がないかと、私のゼミにいた落合博君（広島大学特任講師）と隣の研究室にいた鈴木賢一君（広島大学特任准教授）らに相談していたところ、ゲノム編集第一世代ZFN（ジンクフィンガー・ヌクレアーゼ）について書かれている論文を発見したのです。この酵素を使えば、レポーター遺伝子をねらったところに入れられるかもしれない。ぜひ挑戦したいと考えました。しかし、ここでつまずいた。入手経路がわからないのです。当時は販売もしていませんでしたから。結局、自分たちでZFNをつくることにしました。それがゲノム編集との出合いですね。

ちなみに、それからしばらくしてZFNが売り出されたのですが、日本円で三〇〇万円ほどして、手が出ませんでした。その金額を払うと、こちらが目標とする、一つの遺伝子をねらって改変するための酵素を、つくってくれます。

ツールはフリーで配布する

──お金がないから自作したわけですね（笑）。

そうです（笑）。ねらっているタンパク質だけを光らせて発現量を見るには、ゲノム編集で切ってレポーター遺伝子を入れるしかない。そこでZFNがどうしてもほしい。でも三〇〇万円はない。興味を持ってくれた落合君らと自作しようと考えたわけです。

この分野の面白いのは、基礎研究のためには開発されたツールを、全部フリー（無料）で配布するところです。いわゆる「オープン・イノベーション」という発想です。それこそが研究開発競争をさらに加速させています。ゲノム編集の技術革新の異様なまでのスピード感はここに由来するものです。

ZFNも例外ではありませんでした。ツール自体は、海外で開発したものがリソースとしてフリーで開放されていました。しかし、標的に特異的に結合するように設計していく作業にはかなりのコストがかかります。オーダーメイドで依頼すると三〇〇万円したわけですが、ものすごく大変な作業だったので、今にして思うとそんなに高くなかったのかもしれません。

——どのようにZFNを設計する作業は進んだのでしょうか。

実験には、大腸菌を使います。大腸菌の中で、遺伝子組み換えを行う酵素（ZFN）がうまく目的の形になるように、アミノ酸が三〇個並んだくらいの大きさです。必要なジンクフィンガーは、そのアミノ酸をつなげていってうまく機能させることはとても難しい。でも、落合君が二年かけてつくってくれました。

二〇一〇年に、自分たちのZFNで遺伝子破壊に成功したという論文を発表しました。ゲノム編集にできることは二つあって、一つが遺伝子の破壊、「ノックアウト」。もう一つが遺伝子を入れる、つまり「ノックイン」です。

元もとは、ウニにレポーター遺伝子を入れて、モニターすることがゴールだったわけですから、まだ道半ばの状態です。

その後も研究を続け、なんとかレポーター遺伝子を入れることができました。発生の途中でねらっている細胞だけがきれいに光った。

次に細胞ごとにどのように光るのか、揺らぎ（ばらつき）を調べていきました。細胞の分化が始まったときは揺らぎがありありませんでしたが、安定したときはある程度の揺らぎが見られた。それを二〇一二年に論文としてまとめたのです。

最初にZFNを使って研究しようと思い立ってから、五年。ようやくそこまで辿り着きました。

クリスパー・キャス9の衝撃

——ZFNのあと、さらにゲノム編集のツールとしてターレンやクリスパー・キャス9が出てきました。

ZFNによる遺伝子破壊に二年かけて成功したわけですが、二〇一一年になったとき、ターレンが登場しました。落合君がターレンについての論文を持ってきて、言ったのです。「これ、勝てませんよね」と。そのときまでは、「これからは、俺たちの時代だ！」と思っていたのですが（笑）。これがゲノム編集の研究を始めてから体験した、第一のショックです。とはいえ、やはり可能性のある技術だと思いましたので、ターレンにも取り組みました。

第二のショックは、クリスパー・キャス9の登場です。「これはモノが違う」と即座に思いました。細菌がDNAのコピーであるRNAによって、ねらっている遺伝子のDNAを照合して見つけ出す。つまりは、RNAで「認識させる」。これは目から鱗でした。科学者だったら誰でもわかるようなことなのです。それでも見た瞬間に、「この技術にすぐ乗り換えるよりも、当面は産業界で使えるような洗練されたターレンを使っていこう」と思いました。

——具体的には、クリスパー・キャス9のどこが画期的だったのでしょうか。

誰でもできるということです。しかも安くできる。だからこそ普及したのです。しかし、研究者としてより強い衝撃を受けたのは「クリスパー・ライブラリー」でした。クリスパー・キャス9によって、ゲノム編集の技術は、すべての研究者に開かれました。さらにそれを発展させたのが、ライブラリーです。異次元とも言えるレベルでゲノム編集の可能性が広がりました。

仕組みを説明しましょう。ライブラリーというのは、何万個もの異なる遺伝子を破壊できるウイルスの集団だと理解してもらえばいいと思います。ウイルスのそれぞれに、一つひとつの遺伝子が破壊できるような、異なるクリスパーのガイドが入っています。それを細胞にかけると、何万個のガイドRNAがそれぞれ一つの遺伝子だけ破壊するのです。

わかりやすく言うと、一枚のシャーレの中で、何万枚ものシャーレでの実験を一度に行うというイメージでしょうか。同じことをやろうと思うと何万枚のシャーレを用意して一つひとつやらなければいけません。

ターレンでも複数を使った実験はできますが、何万個も作製することはできません。しかしクリスパーのガイドを増やすことは、それほど難しいことではない。ライブラリーを使うと何万個という遺伝子の解析を一度にできる。これは、とてつもないことです。

○――ゲノム編集で使用される技術は、クリスパー・キャス9に移行したのでしょうか。

今後はクリスパー・キャス9が中心になることは間違いないですが、ZFNやターレンも利用価値はまだあります。例えば、産業への利用。この遺伝子を壊すと有用な品種が出来ます、ということであれば、ZFN、ターレン、クリスパー・キャス9のどれを使ってもいいのです。ある一つの遺伝子の機能を止めるだけならば、安くツールを使えるほうがいいでしょう。ZFNも悪い技術ではありません。クリスパー・キャス9やターレンと違って、知的財産の問題、つまりは特許の問題がクリアになっていることも魅力の一つです。

クリスパー・キャス9は簡単で効率よく、複数の遺伝子を同時に編集できる。応用的な技術ということでは確かにかなわない。しかし産業利用という点から考えれば、効率よくZFNをつくるシステムを備えておくことにもメリットがあるでしょう。

また、二〇一五年になって、キャス9というタンパク質を使ったツールに次ぐものとして、「Cpf1」という新たなタンパク質による技術が出てきました。これはクリスパー・キャス9とは違う特許が成立するのではないかと言われています。今まで調べられていなかった微生物を、山ほどスクリーニング（ゲノムから目的の遺伝子を探索すること）して見つけたようです。

研究者から開発者へ

○——ご自身としては、ゲノム編集の応用よりも、技術そのものに興味があるのでしょうか。

自分のことは、ただの「開発者」だと考えています。ゲノム編集のツールそのもの、要は生物に対して使える技術を開発することに興味があるのです。ＰＣで言うところの、「ハードウェア」のようなものでしょうか。

反対に、「ソフトウェア」は、この技術を使った応用研究と考えればわかりやすいと思います。遺伝子改変して病気のマウスをつくりましょう。この遺伝子の仕組みを解明しましょう。そうしたソフトウェア的な研究をしている人たちは、「ユーザー」と言えるかもしれません。

多くの研究者は、ソフトウェアを使うユーザーです。そしてユーザーは、ご多分に漏れず、使いやすいものがお好みです。クリスパー・キャス９はその最たるものですね。使いやすいものが研究のトレンドになっていくことは間違いない。iPhoneと同じです（笑）。

○——山本先生も、ウニの遺伝子を解析しようとゲノム編集を始めたわけですよね。元もとは、ユーザーの立場だった。開発者となったきっかけを教えてください。

二〇一〇年以降、まずは第一世代のＺＦＮ、次に第二世代のターレンをつくっていくうちに、研究室にその経験が蓄積されていったわけです。

それと並行するようにして、「ゲノム編集コンソーシアム」という勉強会を、有志の研究者たちと開いていました。すると参加した皆さんが口々に、「ゲノム編集を自分たちのところでもやってみたい」と言うわけです。そのときに、ねらって遺伝子を破壊するということが、いかに難しいのか、改めて考えさせられました。そして、技術的なノウハウのニーズがあると強く感じたのです。

そこから、ゲノム編集のツールを開発して提供するということを始めました。今もあちこちから、「こんな研究に使いたいんだ」と声をかけてもらっています。私自身としては、興味深い研究内容であれば、たとえ小さな規模であっても可能な限り協力したい、という思いから研究室の佐久間哲史特任講師と研究支援を行っています。

現在は、クリスパー・キャス９が出てきて、少し状況が変わりました。先ほどもお話しした通り、クリスパー・キャス９は誰にでも使える本当に簡単な技術ですから。私たちもそこに対抗するのではなく、切ったあとにどれほど精密な改変ができるかという方向に開発をシフトしているところです。

ほかにも、病気の治療法の研究には欠かせない、病気のマウス（疾患モデル）のつくり方のノウハウをさらに改良するという研究も行っています。

二〇一六年になって、大阪大学の真下知士准教授が、新しいノックイン法を開発しました。簡単に説明すると、マウスやラットなどの動物の受精卵において、通常の大きさの約一〇〇倍のサイズでノックインを行うというものです。真下先生も、私のイメージでは、ユーザーというよりも開発者に近い立ち位置ですね。

ゲノム編集学会とは何か

○――二〇一六年四月、山本先生を代表として、ゲノム編集学会が設立されました。

二〇一〇年にＺＦＮを使って試行錯誤を経て遺伝子破壊に成功したときに、自分が参考にできる先行研究が周囲にあまりないことに悩んだのです。日本にゲノム編集を使って研究している人がもっといたら、議論してこの技術への見識を深められると考えました。

そこで、論文検索サイトで、ＺＦＮを使っている研究者を探し始めたのです。そうすると、京都大学医学部の芹川忠夫教授と真下准教授のグループが、ＺＦＮでラットの遺伝子破壊をしていることがわかりました。真下先生の論文は、私たちのＺＦＮによる遺伝子破壊についての論文と同じく、二〇一〇年頃に出ていたのです。また同じ頃、植物へのゲノム編集を行う研究グループも論文を発表していました。ツールの販売も始まり、日本でもゲノム編集の技術を研究に使う人が出てきていたのです。

芹川先生と面識はなかったのですが、飛び込みで電話をかけて、「一緒にセミナーをやりましょう」とお願いしました。

○――それが先ほどの、ゲノム編集コンソーシアムにつながったのですね。

とにかく、この技術に興味を持っている研究者を集めました。私は発生生物学が専門なので関係する基礎研究者に、芹川先生は実験動物学が専門なので医学や再生医療の研究者などに連絡する、という具合です。ゲノム編集という新たな技術について、情報共有しつつ議論しようと呼びかけました。回を重ねるうちに徐々に人も集まり、発展解散的にゲノム編集学会を設立しました。

○――ゲノム編集学会は、どのようなことを目的としているのでしょうか。

まず、この学会を基礎研究に寄与するものとすることです。そのためには様々な分野の研究者が集まることが重要です。農学系、医学系、微生物の研究者。専門やテーマが違っても、同じ技術を使っている。研究の途中で壁に当たった微生物の研究者にとって、ほ乳類の研究が参考になったりするかもしれない。

技術に課せられる規制の条件が、それぞれの分野で異なるということも大きなポイントです。各分野でゲノム編集を使うと、どういうことが考えられるのかを把握できる、多様性のある場にしていきたいと考えています。

もちろん、産業界の人たちにも参加してもらいたいですね。産業利用する場合の、技術的な問題、知的財産権の問題などを議論したいと思っています。産業界と研究者をつなぐ場になれば、と。産業と直結した技術の利用をいかに促進するか。日本の科学の強みは、やはり応用ですから、いかにゲノム編集を使うかという点が今後勝負になるでしょう。

ゲノム編集は、自分たちで囲って独占してリターンを得るという技術ではないのです。私たちのところで囲い込んでちまちま研究しているよりも、全部外に出して、研究者がそれぞれフィードバックをかけたほうがいいのです。今後は、日本でもそれをやっていかないと、海外のスピード感には勝てません。

○——倫理的問題について、見解を示す予定はありますか。

なかなか難しい質問です。現段階では、正解を出すということはできないでしょう。生命倫理の専門家や医師が多く参加して、成熟した議論ができたときには、コメントを出すと思います。ただ、現状では一般の方々にこの技術の実態をきちんと理解してもらえるように、情報を発信していきたいと考えています。

研究者が考える、ゲノム編集のリスク

○——ゲノム編集という技術に、研究者の立場から危険を感じることはありませんか。

クリスパー・キャス9が出てきたとき、「大丈夫かな？」と思ったことはありました。簡単すぎる。誰にでもできてしまう。

分子生物学の研究は、大腸菌の中で遺伝子を改変させるものがほとんどです。遺伝子組み換えが前提になっていると言っていい。そして遺伝子組み換えということは、その時点で制限がかけられているわけです。

しかしゲノム編集のプロセスで、キャスのタンパク質を細胞に入れることは、組み換え実験に当たらない可能性があります。そこがやはり、ゲノム編集と遺伝子組み換えの大きな違いですね。目標とするガイドRNAやキャスを入手してしまえば、煩雑な大腸菌内での作業はいらないのです。極論を言えば、注射できる施設があればゲノム編集ができてしまいます。

あとは、技術としてあまりに正確であることですよね。ゲノム編集して起こした変異以外の痕跡は残らない。遺伝子に

変異があった場合、それがゲノム編集で出来たものなのか、自然のものなのか、検知不能です。自然と同じものが出来るというメリットがある一方で、悪用も可能というデメリットがあります。

一研究者としても、ある程度の制限をかけていく必要があると考えます。ただ、それを遺伝子組み換えと同じレベルでやる必要があるかと言えば、そうは思いません。締め付けが厳しすぎると、産業利用ができなくなります。社会全体で議論をして、テストを行い確認した上で、安全なものを世に出す、ということだと思います。あとはそのレベルをどこに設定するかです。

○――ゲノム編集以降の新しい技術で、安全性に懸念を感じたものはありますか。

二〇一四年に発表された「遺伝子ドライブ（gene drive）」という遺伝子操作の技術はインパクトがありました。ゲノム編集同様、クリスパー・キャス9を使用した技術です。遺伝子ドライブでは、まずゲノム編集によって目的の遺伝子を破壊するために、その遺伝子内にクリスパー・キャス9の発現システムをノックインします。このノックインによって、通常父方あるいは母方のどちらか一方の遺伝子が破壊されます。うまくいけば、切断された部分にクリスパー・キャス9がノックインもされます。ライフサイクルの早い生物種であれば、つくりたい変異体の集団を一気にその世代に広めることができる。

例えば、二〇一五年に科学雑誌「ネイチャー」に発表された論文に次のようなものがありました。マラリアを媒介するような蚊を駆除したいという場合、媒介しないように遺伝子を改変して、その地域に広めることが可能となる。しかもその遺伝子情報を一世代だけでなく、数世代にわたって受け継がせることもできる。ゲノム編集の利用の仕方によっては、そういうことが実現できてしまう。すべて把握しているわけではありませんが、環境に対する影響を配慮して利用するべき技術だと思います。

○――ゲノム編集という技術を、不安視する声も多くありますが。

ゲノム編集は新しい生物を生み出すわけではありません。あくまで、「editing（編集）」です。誤解されないようにしなければいけません。「遺伝子をつなぎ変えても、人工生命体はできない」と言い切れないかもしれませんが、そういう技術ではないと私は考えます。あくまで「編集」、正確にねらった細胞を操作するということだと思います。

今すぐ危険な生物が誕生する、というリスクは高くない。突然変異育種では、本当にいろいろな変異が生物に入った場合、その個体は生き残れませんので、集団からは排除されてしまいます。

予期せぬことが起こらないように、注意が必要な側面があることを重々認識して使うべきだと思います。だからこそこの技術のメカニズムを一般の方々によく知っていただかなくてはいけない。

ゲノム編集は社会に受容されるのか

○――ゲノム編集を一般の人に受け入れてもらうにはどうすればよいでしょうか。

安全性を確保するような技術の開発が、並行して求められるかもしれませんね。先ほども申し上げた通り、そもそも安全性の評価の基準が分野ごとに違うので、今のところはより精密な技術の開発が優先かなと思います。

重要なのは、使い方です。目的に応じた安全性の高い技術はありますから、研究者が正解を選んできちんと使えるようにする。これは教育の問題です。

最後に、やはり理解を求めるための情報の共有です。とはいえ、簡単に社会受容されると思ってはいません。私個人としては、特に食品の部分はハードルが高いという認識です。

まず、この技術が力を発揮するのは医療の分野でしょう。それはもしかするとiPS細胞と組み合わせた再生医療の領域かもしれない。あるいは創薬向けの細胞づくりかもしれない。部分的には、直接遺伝子治療にこの技術を使うことも当然できると思います。この技術でなければ実現できないという分野に注力していくべきでしょう。そこからさらなる応用を検討していけばいいのではないでしょうか。

ゲノム編集が導く、がん治療の未来

○――今後考えている研究はありますか。

先ほどは、開発者だと見得を切ったのですが、同時に基礎研究者でもありますので、生命現象を見るということは続けていきたいと思います。

ウニは、赤ちゃんのときには左右対称ですが、大人になると「五放射」と呼ばれる特殊な体の構造になります。実はその変態のメカニズムはまったくわかっていないので、研究テーマの一つと考えています。海洋生物を使った研究はライフワークなので、今後も継続する予定です。

ほかに興味があるのは、がんの研究です。がんでは、特定の遺伝子が働かなくなってしまうことがあります。ゲノム編集の技術で、その遺伝子を再び働くようにしたい。がんは奥が深いので簡単にいかないのはよくわかっているのだけれども、長らくずっと関心を持ってきました。

がんの増殖を抑えるなど、メカニズムにかかわるような研究にこの技術を使いたいと考えています。

○――ゲノム編集が、がんのメカニズム解明に効果的だと思われ

る理由を教えてください。

理由は二つあります。一つは、がんの発症や転移にかかわる遺伝子を調べられるようになってきたこと。もう一つは、がんのモデル動物の作製が容易になったこと。

二年ほど前からマウスで、短期間に臓器を選んでがんをつくることが可能になりました。脳腫瘍をつくる。肺がんをつくる。肝臓がんをつくる。二か月くらいで出来てしまうようです。これらのゲノム編集技術を利用したがん研究が積極的に進められていくと考えています。

○――研究は進んでいるのでしょうか。

まだそれほど進んではいませんが、国立がん研究センター研究所の牛島俊和先生と一緒に研究しています。がんのプロとでなければよい研究にはなりませんから。実は、この研究も飛び込みで、「こんなことをやりたいのですが……」といきなりお電話したことから始まりました。

ゲノム編集の未来について

○――山本先生が現在注目している研究があれば、教えてください。

東京大学の濡木理教授の仕事は世界的に注目されていますね。濡木先生は、キャスの立体構造の解明を海外のゲノム編集のトップランナーと進められていて、複数の論文が科学雑誌「セル」に掲載されています。

東京大学の佐藤守俊准教授のオプト・ジェネティクスの技術を利用した研究も驚くべきものでした。まずキャスを分断して、光誘導型のタンパク質を付けます。そこに光を当てると、その瞬間に複合して、キャスが活性化するのです。これは科学雑誌「ネイチャー・バイオテクノロジー」に掲載されました。

ほかにも、神戸大学の西田敬二特命准教授による、「dキャス9（dCas9）とデアミナーゼ」というタンパク質を使った技術の開発は重要だと思います。これはDNAを切らずに遺伝子を操る技術なのです。今後は「切らないゲノム編集」がトレンドになる可能性もあると思います。

○――最後に若い人たちへ一言、お願いします。

現時点で、ゲノム編集のツール、もしくはその応用で、日本発の技術は残念ながら少ない状況です。

私も怠けてはいられませんし、若い研究者の皆さんには、ぜひありきたりでないゲノム編集でしか実現できない研究に取り組んでいただきたいと思っています。

これから先、ゲノム編集という技術を無視して、ライフ・サイエンス研究の先端を走ることはできない、そう考えています。

（二〇一六年五月七日収録）

執筆者紹介

序文執筆

山中伸弥

やまなか・しんや／医学博士。専門は幹細胞生物学。二〇〇六年に世界で初めてマウスの体細胞からiPS細胞をつくり出すことに成功。二〇〇七年、ヒトの皮膚細胞からiPS細胞を作製する技術を開発した。二〇一二年にノーベル医学・生理学賞を受賞する。現在は京都大学iPS細胞研究所所長として、iPS細胞を使った病気の治療法の開発を目指して研究を行っている。

インタビュー・協力

山本卓

やまもと・たかし／理学博士。広島大学大学院理学研究科教授、一般社団法人日本ゲノム編集学会代表。棘皮（きょくひ）動物（ウニなど）をモデルとして「発生遺伝子の転写調節機構」の研究を行う。主な研究として、ZFN（ジンクフィンガー・ヌクレアーゼ）とターレンによって標的遺伝子内にレポーター遺伝子を導入する技術の開発など。

＊本書に掲載した写真・画像は、必要に応じて（　）内に提供元・所蔵元を記した。表記のない写真・画像は、NHKが権利を有するものである。

本文執筆

NHK「ゲノム編集」取材班（執筆順）

松永道隆〈はじめに、第六章、おわりに〉

まつなが・みちたか／一九七〇年生まれ。一九九七年、NHK入局。青森放送局、報道局科学文化部、京都放送局などを経て、現在、広島放送局放送部ニュースデスク。

山下由起子〈第一章、第四章、第五章〉

やました・ゆきこ／一九八三年生まれ。二〇〇七年、NHK入局。徳島放送局を経て、現在、京都放送局記者。

野呂晋一〈第二章〉

のろ・しんいち／一九七五年生まれ。二〇〇一年、NHK入局。札幌放送局、放送総局首都圏放送センター、京都放送局などを経て、現在、新潟放送局記者。

宮野きぬ〈第三章、第四章、第五章〉

みやの・きぬ／一九六八年生まれ。一九九二年、NHK入局。横浜放送局、報道局政経・国際番組部、大阪放送局報道部などを経て、現在、国際放送局チーフ・プロデューサー。

NHK「ゲノム編集」取材班

NHK大阪放送局と京都放送局で、二〇一四年秋にプロジェクトチーム（東條充敏、松永道隆、宮野きぬ、野呂晋一、山下由起子を中心とする）を編成、ゲノム編集についての番組を制作。二〇一五年七月に放送された「クローズアップ現代」の「〝いのち〟を変える新技術～ゲノム編集最前線～」は、大きな注目を集めた。

ゲノム編集の衝撃

「神の領域」に迫るテクノロジー

二〇一六年七月二五日　第一刷発行

著者　NHK「ゲノム編集」取材班

発行者　小泉公二
発行所　NHK出版
〒一五〇-八〇八一　東京都渋谷区宇田川町四一-一
TEL　〇五七〇-〇〇二-二四三［編集］
TEL　〇五七〇-〇〇〇-三二一［注文］
ホームページ http://www.nhk-book.co.jp
振替　〇〇一一〇-一-四九七〇一
印刷　慶昌堂印刷／近代美術
製本　藤田製本

Printed in Japan
ISBN 978-4-14-081702-5 C0040